BAO YUAN DE JI QIAO

抱怨的技巧

拓展生存空间的励志读本
——抱怨是最不委屈自己的人脉学!

欢喜 ＋ 惊讶 ＋ 悲伤 ＋ 气急 ＋ 大哭

马 骏◎著

有效抱怨
＝
排除负面情绪
＋
合理沟通
＋
解决问题

台海出版社

图书在版编目(CIP)数据

抱怨的技巧 / 马骏著. ﹣﹣北京:台海出版社,
2012.10

ISBN 978-7-5168-0057-7

Ⅰ.①抱… Ⅱ.①马… Ⅲ.①人生哲学–通俗读物
Ⅳ.①B821-49

中国版本图书馆 CIP 数据核字(2012)第 235575号

抱怨的技巧

著　者:马　骏

责任编辑:俞滟荣

装帧设计:天下书装　　　　　版式设计:通　联

责任校对:唐思磊　　　　　　责任印制:蔡　旭

出版发行:台海出版社

地　址:北京市景山东街 20 号,　邮政编码:100009

电　话:010-64041652(发行,邮购)

传　真:010-84045799(总编室)

网　址:www.taimeng.org.cn/thcbs/default.htm

E-mail:thcbs@126.com

经　销:全国各地新华书店

印　刷:北京柯蓝博泰印务有限公司

本书如有破损、缺页、装订错误,请与本社联系调换

开　本:710×1000　　1/16

字　数:180 千字　　　　　印　张:15.5

版　次:2013 年 1 月第 1 版　　印　次:2013 年 1 月第 1 次印刷

书　号:ISBN 978-7-5168-0057-7

定　价:29.80 元

前　言

与其强求自己不抱怨,不如学会抱怨的技巧。

"想要成功就永远不要抱怨"、"与其抱怨不如改变"等诸如此类的说法充斥在各种报纸杂志、励志书籍中,也在被各式演说家不停地宣扬,得到了许多企业管理者的推崇。

但是,试问一下,我们有谁能做到完全"不抱怨"呢?人总有不顺心的时候:上司的刁难、同事的冷漠、爱情的缺失、世态的炎凉、人心的狡诈……这个世界上,人太多,爱太少,苦难忍,钱难赚。很多人都觉得活得累,怎么可能不发泄一下?

抱怨是人性中的一种自我防卫机制,要完全断绝的确很难。如果你觉得自己根本无法做到停止抱怨,那么至少应该在抱怨的时候学会技巧,让你的抱怨更有含金量。换句话说,也就是将抱怨当作达到目的的手段,而不是无意义的出气宣泄。

从心理学的角度分析,抱怨有两种基本类型:"工具型"和"表达型"。

工具型抱怨者有明确的目的,藉由说出问题,进而解决问题。例如母亲对小孩抱怨房间太脏,其实是希望小孩能保持整洁。而表达型抱怨者则是不吐不快,例如抱怨刚刚超你车的驾驶者等。

你不想变成爱抱怨的讨厌鬼,却忍不住要抱怨吗?你有五招可以使用:

● 抱怨的对象是能够解决问题的人
● 抱怨的对象是愿意解决问题的人
● 抱怨的时机最好挑选对方有心情聆听的时候
● 抱怨的地点挑选能维护谈话隐私的地方

●能举例说明抱怨的事项确实存在

抱怨是门高深的学问，抱怨的使用其实就是一种统御的智慧，而不只是个人情绪的发泄。驾驭抱怨的人绝对不会随便抱怨，只有当其所制定的规矩、原则被破坏时才会出手。

还有一种人，虽然也会抱怨，但却总是巧妙地把怒气发在正确的时间点上，而且，明显可见其情绪并未被抱怨所驾驭，反而是他在驾驭抱怨，利用抱怨来促成工作的运转，排除那些阻挡事业不顺的障碍。

真正的成功者，不是不会抱怨的老好人，也不是被抱怨驾驭的恶魔，而是懂得利用"抱怨"，作为完成工作任务、推开拦阻力量的执行策略的人。

那么，该如何分辨被情绪所驾驭的抱怨与利用抱怨来推动成功的差别？

本书将一一为你列举，用鲜活生动的事例、风趣幽默的语言给你上一堂通俗易懂的"抱怨技巧"课！

目 录

CONTENTS

 第一章 **抱怨亦有其自身的价值** /1

——它带来的不仅是负面的能量,也有正面的作用

抱怨真的是完全不必要的吗?

一个没有任何抱怨的世界,是否太过安静了? 当所有人都对现状没有任何不满的时候,是否也代表着这个世界失去了进步的空间?

当忽然有一天,你的同事、你的伴侣、你的上司不再向你抱怨,你是会心安理得还是会忐忑不安?

任何事物都有两面,抱怨亦有其自身的价值,它带来的不仅是负面的能量,也有正面的作用。

我们应该时而倾诉一下我们的不满,抒发一下我们内心的不悦,那样我们会发现生活的另一面。试试看吧,你会获得意想不到的收获,当然,前提只是偶尔抱怨一下。

第二章   **怎样让抱怨更有效?**   **/40**

——抱怨的黄金法则

> 虽然抱怨是生活中必不可少的一种行为,但是多数人并不会有效地抱怨,而只是琐碎地、毫无意义地唠叨,这对事情的发展没有任何作用。
>
> 怎样才能让抱怨更有效呢?处理抱怨应该注意什么呢?

很多时候,很多场合,人们习惯于用抱怨的方式来发泄,尤其是遇到挫折或是困难的女性。有的人抱怨是为了让人正视自己,改善自己的待遇;有的人抱怨则是纯粹耍嘴皮子,为了抱怨而抱怨。

不管是哪种抱怨,抱怨者的心态都是一致的,即希望自己被注意到。

只不过,有人成功了,有人却失败了,更惨一点的是被踢出单位。

抱怨是一门不小的学问。你需要懂点"抱怨效应",让抱怨变废为宝。

"抱怨"并非是顾客存心找茬,而是由顾客内心发出来的重要信息,一种既难得而又贵重的讯息。

即使抱怨的顾客是顽固的岩石,企业也应该是浪花——最大的关键即在于如何"施"、如何"受"这两点上。

女人大多爱抱怨,但头疼的是,男人似乎并不愿好好配合,常常摆出一副不愿多听的面孔,甚至两人会为此大动干戈。

然而不抱怨的女人非常少见。没有技术含量的抱怨,常常被男人视为唠叨而成为"耳旁风",风吹久了,男人可能就会"发烧上火"、针锋相对;而有技术含量的抱怨,既互不伤害,又能解决问题,还能增加双方的亲密感。

第一章

抱怨亦有其自身的价值
——它带来的不仅是负面的能量，也有正面的作用

工作的时候，我们向上司抱怨挑剔的客户；午餐的时候，我们向同事抱怨不通情理的上司；聚会的时候，我们向同性朋友抱怨自己的伴侣和孩子；晚饭后散步的时候，我们向邻居抱怨不尽职的物业公司。

我们的抱怨不仅在口头上，还蔓延到了网络。放眼各个论坛、博客和微博，抱怨的影子同样在不断地出现。

这样的普遍行为也被很多人认为是负面的，不应该存在。

的确，除非感同身受，否则面对别人的抱怨就不是件令人愉快的事情，尤其当对方的矛头正好指向自己的时候。

但是，抱怨真的是完全不必要的吗？

一个没有任何抱怨的世界，是否太过安静了？当所有人都对现状没有任何不满的时候，是否也代表着这个世界失去了进步的空间？

当忽然有一天，你的同事、你的伴侣、你的上司不再向你抱怨，你是会心安理得还是会忐忑不安？

任何事物都有两面，抱怨亦有其自身的价值，它带来的不仅是负面的能量，也有正面的作用。

我们应该时而倾诉一下我们的不满，抒发一下我们内心的不悦，那样我们会发现生活的另一面。试试看吧，你会获得意想不到的收获，当然，前提只是偶尔抱怨一下。

抱怨如空气，无所不在

一位朋友因做事没有坚持到底而抱怨自己的记忆力差；

司机因发生碰撞事故而抱怨路上的坑洼；

被遗弃的情人会抱怨自己所做的一切；

教授会因为有人犯罪而抱怨社会；

老师会因学生考试不及格而抱怨他太懒惰；

运动员会因为自己出现失误而抱怨地板质量太差；

我们会因为所犯的错误而抱怨自己；

我们也能从诸如"你想干什么"、"你为什么这样做"等尖刻的问题中听出隐藏在其中的抱怨。

……

气候有冷暖，人生有四季。人生在世，有谁能事事如意？所谓的"不抱怨"，不过是人们的美好理想而已。

那么，哪些抱怨是适度的、必要的，哪些抱怨又是过了头的、不必要的呢？

1.适度的抱怨，是一种沟通的机会

有时候，适当地来点抱怨，能在各种社交活动中发挥润滑剂的作用，而且非常管用。

很多时候，了解都是从表达抱怨开始的。

譬如，一个人说："我讨厌那部电影！"

对方也许回答："你也讨厌那部电影？噢！天哪！我们真是心有灵犀！"

用抱怨来拉近人际关系有多种方式。

"天气糟糕透了！"

"是的，外面冻死人了！"

……

不论这些抱怨是否与我们有关，它们通常都是良好对话的开端，帮助我们找到建立互动的共同点。

很多时候，不抱怨、不倾诉，换来的往往是漠视，失去的往往是关心与爱护。

我的第一份工作是在一个杂志社做编辑。老板把一个人当两个人用，但那时候因为年轻，精力也旺盛，我又有些小自负，能够自己解决的问题轻易不求助，也深怕别人的同情。所以遇事，哪怕已火烧眉毛了，也要装出一副悠闲的样子。

有天收一封邮件，附件很大，我因为最近一直都加班，感觉有点累，就趁这工夫跑到阳台上抽了根烟。结果，老板跑过来问我，为什么不着急工作。

我很委屈，我就问，是不是一定要我做出很忙碌的样子，才能确定我是在做正事？老板想了想，又说了一句让我晕的话："我觉得你一天都很轻闲啊。"

是不是一定要我手忙脚乱、天天抱怨，他才知道我在做正事？

后来离开了那个杂志社，但随着年纪的增长，我已经慢慢感觉到，凡事不抱怨的做法，总是有些欠妥。不抱怨、不慌张，很容易给别人一些误导，以为你还有更大的包容力去包容一些事。如此，就会失去很多沟通的机会。

什么是"适度"的抱怨呢？

同在一个部门的珍珍和大卫，都喜欢抱怨。

有一次,管理部的几个同事不约而同地请了病假,上司想要派他们两人前去协助工作。

接到上司的邮件后,大卫当场便在办公室里嚷嚷了起来:"管理部的人怎么一块请假啊,都生病了?谁信啊,肯定是一块逛街偷懒去了!"

珍珍看了上司的邮件后,立即给上司作了回复。她把目前手边的工作做了一张列表,还分别标明了重要度,然后指出哪些是其他同事不能帮忙解决的,以及如果交给不了解项目的同事做有可能会产生哪些错误。上司收到珍珍的邮件后,觉得她说得非常有道理,最后决定只派大卫过去帮忙。大卫只好一边做管理部的工作,一边加班忙自己的工作,还要一边喋喋不休地抱怨。

还有一次,珍珍的电脑出了问题,请IT部来维修,可一周过去了也没见人影。

大卫冷嘲热讽地说:"IT部的人不知道整天在忙什么?每次有问题都要等很长时间。领导们的电脑有问题他们怎么跑得那么快?就知道溜须拍马。"

在例会上,珍珍也主动跟老板抱怨,说维修申请表递到IT部一周了,可既没有来人维修,也没有任何回复,造成自己的工作被迫中断,很多工作还要拿回家做到很晚,也影响了每天的工作状态。老板非常重视珍珍的意见,立刻安排IT部的人员解决珍珍的问题,还在各部门之间开展了一次反馈意见的活动,了解各部门之间协作的情况。

每次遇到情况,珍珍的抱怨不仅解决了问题,还得到了上司的赏识;而大卫却因为抱怨,在公司落了个"小气"的名声,大家都不愿意同他合作。

可见,珍珍的抱怨是"适度"的,而大卫的抱怨是"过了头"的。

我们来总结一下:

(1)不要见人就抱怨

只对有办法解决问题的人抱怨,是最重要的原则。

向毫无裁定权的人抱怨,只有一个理由,那就是为了发泄情绪。而这只能使你被更多的人厌烦。直接去找你可能见到的最有影响力的一位工作人员,然后心平气和地与之讨论。假使这个方案不管用,你可以将抱怨的强度提高,向更高层次的人抱怨。

(2)抱怨的方式很重要

尽可能以赞美的话语作为抱怨的开端。这样一方面能降低对方的敌意,更重要的是,你的赞美已经事先为对方设定了一个遵循的标准。记住,听你抱怨的人也许与你想抱怨的事情并不相关,甚至不知道情况为何,如果你一开始就大发雷霆,那只会激起对方敌对、自卫的反应。

(3)控制你的情绪

如果你怒气冲冲地去找上司,表示你对他的安排或做法不满,很可能会把他给惹火。所以,即使感到不公、不满、委屈,也应当尽量先使自己心平气和。

也许你已积聚了许多不满的情绪,但不能在此时一股脑儿地抖落出来,而应该就事论事地谈问题。过于情绪化将无法清晰地说明你的理由,而且还会使得领导误以为,你是对他本人而不是对他的安排不满,如此你就得另寻出路了。

(4)注意抱怨的场合

美国的罗宾森教授曾说:"人有时会很自然地改变自己的看法,但是如果有人当众说他错了,他会恼火,更加固执己见,甚至会全心全意地去维护自己的看法。不是那种看法本身多么珍贵,而是他的自尊心受到了威胁。"

抱怨时,要多利用非正式场合,少使用正式场合,尽量与上司和同事私下交谈,避免公开提意见和表示不满。这样做不仅能给自己留有回旋余地,即使提出的意见出现失误,也不会有损自己在公众心目中的形象,还有利于维护上司的尊严,不至于使别人陷入被动和难堪。

(5)选择好抱怨的时机

"在我找上级阐明自己的不同意见时,先向秘书了解一下这位头头

的心情如何是很重要的。"国外人际关系专家这样建议。

当上司和同事正烦恼时,你去找他抱怨,岂不是给他烦中添烦、火上浇油吗?即使你的抱怨很正当、很合理,别人也会对你反感、排斥。

(6)提出解决问题的建议

当你对领导和同事抱怨后,最好还能提出相应的建设性意见,来弱化对方可能产生的不愉快。当然,通常你所考虑的方法,领导也往往考虑到了。因此,如果你不能提供一个即刻奏效的办法,至少应提出一些对解决问题有参考价值的看法。这样,领导才能真切地感受到你是在为他着想。

(7)对事不对人

你可以抱怨,但你抱怨后,要让领导和同事切实感受到,你被所抱怨的事伤害了,而不是要攻击或贬低对方。对于绝大多数人来讲,别人通过一些事实证明自己错了是件很尴尬的事情,让上司在下属面前承认自己错了就更不容易了。因此在抱怨后,你最好还能说些理解对方的话。切记,你抱怨的目的是帮助自己解决问题,而非让别人对你产生敌意。

适度的抱怨,是一门艺术。

当我们被逼急了要抱怨时,我们要知道,抱怨的主要目的并不是为了发泄,而是希望对方能有所改善,使自己满意。因此,想做到有效地抱怨就要讲究方式,不要见人就抱怨,也不要事事都抱怨,要有充分的理由再抱怨,抱怨时控制好情绪,这样可以帮助我们在抱怨与达到目的之间,找到最佳的平衡点。

第一,要纠正自己某些错误的信念和观点。

明白生活的真谛在于付出与回报的合理平衡。很多人的抱怨是因为内心根深蒂固的索取要求得不到满足造成的。其实,只要你懂得了幸福的意义不仅在于得到什么,还在于真诚付出的时候,你就会从根本上扼杀抱怨的内在诱因。

第二,反复确认抱怨的目的。

如果你不能反复检视自己抱怨的目的,就很可能不得不承担你不想要的结果。因为事物存在的问题总是比解决方法上的漏洞更显而易见。所以,抱怨前你要想清楚,万一自己的抱怨发挥了作用,你会喜欢它的结果吗?

第三,冷静思考,选对抱怨的对象。

我们之所以会满腹牢骚,多数是因为对事物缺乏客观的、冷静的分析,只是根据一些表面现象、个人的喜好评价事物。这样的结果就是,我们对事物的评价太主观、有失偏颇。很多时候,合理的抱怨会让你获得想要的结果,但是如果你选择的抱怨是不能改变或者不需要改变的事情,很显然,结果只会让你更加沮丧。

第四,找出问题的症结所在,改进自己。

一旦有抱怨的心态出现,别急着满口牢骚,不妨先让自己冷静一下,回顾整件事发生的过程,反复自省,找到症结和问题所在。如果发现是自己犯懒,工作不够积极,就要注意查找自身的不足,改变工作态度,改进工作方法。

第五,多体谅,少指责。

因为我们没有站在对方的立场上想问题,所以才会以一个无知的旁观者的姿态去指责、抱怨。倘若我们能够这样想:如果我们是对方,我们会怎么做呢? 这样就能在"理解万岁"的基础上轻松地消除自己的抱怨。

第六,学会自我消解。

即通过自我劝慰、自我开导、自我调适,以独特的方法克服抱怨。例如,写下发生在你身上的五件事,列出你的抱怨,对照自己写的内容,回忆其中每一个细节,分析抱怨能真正帮你解决问题吗? 把纸撕掉,最好把纸撕得粉碎,重复地写出来,再撕掉,直到你感觉不到激烈的情绪为止。

2.辨认出过度的抱怨,并防止它

如果我们每个人都能根据这种更加冷静的观点给予或接受批评,

那么抱怨就不再是一种单纯的消极情绪了。

但实际上，就像每个人都知道的那样，抱怨有时会有一些过分。如果我们对某人所犯的错误妄加抱怨、肆意攻击、横加批评，那么我们的抱怨就过分了。

如果人们想要增加欢乐，建立融洽的人际关系或减小压力，那么理解及缓和这种过度的抱怨，是很重要的事情。可以预言，消除过度的抱怨可以减少争论，人们的生活会更幸福、更美满。

过度的抱怨不会带来任何有建设性的东西，它只能降低解决问题的可能性，破坏积极的人际关系。所以，防止抱怨过度是非常重要的。

第一，因为"不公平"引起的抱怨。

公平是什么？不公平又是什么？这是一组非常深刻、非常微妙的哲学命题。在这里，我们抛开那些深奥的大道理，只说说公平或者不公平与抱怨或者不抱怨的关系。

先看一个有关公平的故事：

美国的布鲁金斯学会多年来以培养世界上最杰出的推销员著称于世。该学会有一个传统，那就是每期学员毕业时，会给他们出一道最能体现推销员实战能力的实习题。

在尼克松当政时期，曾经有一位学员成功地把一台微型录音机卖给了尼克松总统。为了奖励他，学会赠给了他一只刻有"最伟大的推销员"的金靴子。但是在接下来的26年中，却再也没有人能够获此殊荣。

在克林顿当政时期，学会居然给学员们出了这样一道难题：请把一条三角裤推销给现任总统。

后来克林顿卸任，布什走马上任，学会的实习题也有所改变：请把一把斧子推销给布什总统。

由于之前26年时间里无数前辈都无功而返，许多学员都放弃了角逐金靴奖的机会。他们抱怨说，这个任务并不比推销三角裤简单，因为现任总统根本不需要斧头，即使需要也用不着亲自购买。

直到2001年，一位名叫乔治·赫伯特的推销员的出现，才再次打破了这一推销极限。然而，用乔治·赫伯特自己的话说，他并没花多少工夫。

他说："我认为把一把斧子推销给布什总统是完全有可能的，因为总统在得克萨斯州有一个农场，里面有许多树。于是我给他写了一封信，信中说：'总统先生，有一次我有幸参观了您的农场，发现里面长着许多大树，有些已经枯死了。我想您一定需要一把斧头。眼下我这里正好有一把非常适合砍伐枯树的斧头，如果您有兴趣的话，请按这封信上的地址给予回复。'后来，他就给我汇来了买斧头的钱。"

曾经有记者这样问过布鲁金斯学会的负责人：26年的时间里，学会培养了数以万计的推销员，也造就了数以百计的百万富翁，难道说他们的能力真的不如乔治·赫伯特吗？为什么不把金靴奖发给他们？换言之，布鲁金斯学会不公平。

对此，该负责人回答道："这只金靴子之所以没有授予其他的学员，是因为我们一直想寻找这么一个人，这个人不会因有人说某一目标不能实现就放弃，不会因某件事情难以办到而失去自信。"

在乔治·赫伯特成功之前，布鲁金斯学会的每一个会员都有机会赢得金靴奖，这就是公平！当乔治·赫伯特将那把斧头成功地推销给布什总统后，他赢得了金靴奖，这也是公平！

与此同时，他的成功也有力地证明了这样一个哲理：很多我们自认为难以做到的事情，并不见得真的难以做到，而是因为我们失去了自信和积极的进取心。人类的通病，就是轻而易举地将某些事情用"不可能"简单化，这也是成功路上的最大障碍，如果不能打破这种精神牢笼，把对梦想的憧憬化成奋斗的动力，这辈子你可能就真的与成功无缘了。

所以，每一个成功路上的竞赛者都应该立即为自己制订一个明确的目标，知道自己要的是什么，并用热切的渴望、积极的行动去实现它，而不是一味地去抱怨世界的不公。

因为世事没有绝对的公平，一味地追求公平只会让人心理失衡；一

味地为了公平而争斗,只会让我们舍本逐末,失去更多。又有谁会在意一个失败者的抱怨呢?

再看一个故事:

大学毕业后,柳玫去一家公司应聘信息员,一路上过关斩将,终于到了老板面试这一关。谁知那位老板只是和她简单地交谈了几句,看了看她的简历,就说:"对不起,我们不能录用你——你连自己的简历都保管不好,我们怎么放心把工作交给你呢?"

原来,早上临出发时,柳玫走得急,一不小心碰翻了茶杯,溅湿了简历,再重做一份已经来不及了,她只好带着那份留有水渍的皱巴巴的简历前来应聘,谁知问题就出在了这上面。

这能怪谁呢?

回家后,柳玫没有丝毫抱怨,也没有埋怨那个老板小题大做,她只是非常认真地用钢笔抄写了一份简历,并给那家公司的老板写了一封信,信中写道:"贵公司是我心仪已久的单位。您对我近乎苛刻的要求,正反映了贵公司在管理上的认真与严谨、精益求精,这也是贵公司长久以来保持兴旺发达之所在。我一定铭记您的教诲,在今后的工作中尽心尽责、一丝不苟。"

柳玫发自肺腑的话语、详略得当的简历以及娟秀清丽的笔迹,让对方眼睛一亮,那位老板当即打电话通知她第二天来公司报到。

柳玫的做法无疑是正确的,因为她在遇到不公正的待遇后,首先想到的不是抱怨老板的不近人情,而是立刻采取补救措施,为自己制造新的机会。

因此,不要抱怨你受到的不公平对待,"存在就是合理的",你所受到的待遇有它"存在"的背景、条件和原因。一个失败的人,自身肯定会有欠缺的地方,与其抱怨别人,不如改变自己。你自己改变了,一切都有可能改观。

所以说，世界上永远没有绝对的公平或不公平。如果不能摘下个人感情的有色眼镜，保持端正的心态，用潇洒豁达的人生态度去生活，那么你将永远找不到公平，永远活在抱怨的天空下。

谁都无法否认，在很多时候，让人们耿耿于怀、愤愤不平的所谓公平，不过是人们进行争斗的借口，或者说是"抱怨症"患者的偶尔发作而已。

第二，因为弱点引起的抱怨。

人性的弱点和过失是普遍存在的，理解这些弱点和过失要比抱怨它们更明智。

弱点一：自负

什么是自负？最准确的解释就是自信得过了头。自信与自负只有一步之遥，人们在现实生活中往往会将两者混为一谈；在行动上，人们也常会将自负炫耀成自信。三国时期著名的关羽大意失荆州、刘备被陆逊火烧连营，都是自负心理导致的恶果。据说刘备被陆逊打败后，他仰天长叹："我竟被陆逊所折辱，岂不是天意？"其实哪里是什么天意，完全是他不冷静、不理智、为小怨而兴大兵、见小利而求速成导致的苦果——从中我们也可以看出，自负是抱怨产生的间接根源——自负导致失败，失败的人又大多会抱怨。

必须提醒的是，骄傲和自负是人性中最普遍的弱点，所有人都必须多加注意，戒骄戒躁。即使是那些已经取得了伟大成就的人，一旦骄傲自负，不仅会止步不前，还可能会一落千丈，令人扼腕。

年轻时，爱迪生不仅自信，而且谦虚，当他因为取得了很多常人难以企及的成就而被称为天才时，他总是谦虚地说："所谓天才，不过是1%的灵感，加上99%的汗水。"此后通过不懈的努力，他又获得了多达一千多种的各类发明，被人们称为"发明大王"。

可是到了晚年，爱迪生的自信就变成了可怕的骄傲，他甚至对他的助手们说："不要向我建议什么，任何高明的建议也超越不了我的思维。"结果可想而知——因为他太过自负，不仅使自己停滞不前，还使很

多颇有才华的助手离他而去。因此直到去世,他再也没有取得什么重大的成就。

爱迪生是否曾经抱怨,我们不得而知,但是自负心理给他带来的消极影响,无疑是他自己也是全人类的巨大损失。还是那句老话:谦虚使人进步,骄傲使人落后。认为自己一定能赢,保持必要的自信固然很好,但是过分自信却会令人们自绝于胜利,甚至遗憾终生。

此外,自负还容易导致嫉妒的产生。

科学研究表明,一个自负的人,通常也是一个嫉妒心很强的人。在学校里,他瞧不起成绩比他差的同学,更容不得成绩比他更好的同学;在职场中,他看不起那些能力稍差的同事,甚至领导和客户,而对于那些比自己能力强的同事则心怀嫉妒,尤其是那些能力不如自己但因为某些原因而高他一等的人;在生活中,他看不到别人的付出,总认为自己应该得到更多……久而久之,这种心理日益增长,他就会成为一个心理阴暗、怨天恨地的人。但是抱怨又有什么用呢?还是及早纠正自己的自负心理来得更实在一些。

弱点二:假想

A女士和B女士是好朋友。A女士离婚了,可B女士却依旧邀请她参加每周一次的太太们的聚会。A女士感到愤怒,她觉得B女士"应该"知道她很伤心,很没面子,"不应该"再邀请她去参加这些聚会。于是,A女士见人就抱怨,说B女士是一个自私并且不敏感的朋友。

很多人都会用自己的想法去衡量别人,一旦觉得期望和现实落差很大,就会不顾现实地抱怨他人。但是,大多数人并不能读懂别人的想法,这种过分要求他人的人便会在很多场合感到慌乱、灰心丧气和烦恼。

这种假想式的抱怨就是过分的一种。

周末下班回到家,妻子一脸冰霜地抱怨道:"你怎么又回来晚了!对了,刚才物业又来收取暖费了,你发工资了没有?"

"还没有，经理说……"

"说，说什么？一个大男人，一个月才赚几千块，还每个月都拖、拖、拖。你看人家小丽的哥哥，现在都做部门经理了！"

"他有本事，你去找他呀！别在我这待着！一天到晚不干活，你说我一下班冷锅冷灶的，哪有心思干活？猴年马月也当不上经理，都是让你给拖累的。"

"不就今天没做饭吗？我每天在家当洗衣妇、烧饭婆，哪一天不是累得腰酸背痛的？今天我还就不做了，你自己看着办吧！"

"你累，难道我就不累吗？你知不知道，现在金融危机越来越严重，我们公司又要裁员了，我的压力有多大，你知道吗？"丈夫越说越气，抬腿出门，到外面的小饭馆喝酒去了。

其实，丈夫并不知道，妻子之所以没给他做饭，而且向他抱怨，其实是因为在公司受了气，她期望丈夫"应该懂得"并且安慰她。但是她哪里知道，丈夫也正面临着失业的压力，心情也好不到哪里去，同样，他也觉得妻子"应该懂得"。

如此一来，家庭战争在所难免。

很多时候，人们总是在没有支持和证据的情况下，想当然地认为某些事情是真实的。我们生活在一个有必要假想的世界中，其中多数的假想围绕在真实的周围。例如，你的汽车能启动，你坐的椅子不会散架，你头顶上的天花板不会掉下来，你最好的朋友在你危难的时刻会站在你那边，等等。

这些信赖的假想源于你直接观察的经验，因为重复的经验很少会不正确。然而当汽车不能发动的时候，假想在这种情况下就是错误的。

遵从下面4步可以训练你进行清晰思考的技巧。

(1)认识到错误的假设和要求所带来的期望会引起情感上的紧张。你可以把你的假设和期望写出来，然后把它们和结果进行匹配对应。这个练习将有利于你把错误的想法暴露出来。

(2)利用假设学写可能的文字,并把假设条理化。例如"我认为这将会发生"这个结果,要么支持你的预感,要么不能支持你的预感。

(3)问问自己:"我是否做出了可能的陈述(期望),或者我是否对期望有着投机的心理?"

(4)当你猜想的时候,用"我猜想"这个词。在你对某事作出判断以前,通过训练自己说"我猜想"这句话,可以在模棱两可的情况下弄清事实,这种事实对有效的信息而言很重要。听到"我猜想"这句话的人会合理地认可或者不认可对于他们的各种假设。

弱点三:虚荣和攀比

春节过后,杜丽丽突然变得挑剔了起来,总是抱怨这抱怨那,谈话中句句离不开钱,恨不得钻到钱眼里似的,让人看了特心烦。

究其原因,原来是春节期间杜丽丽参加了一次同学聚会,看到同学们一个个膀大腰圆、财大气粗、有车有房有事业,让她心里特不平衡。都是同龄人,为什么别人样样出色,自己也是每日勤勤恳恳地工作,却总是稍逊一筹?

于是,她面对众友人夸下海口,说近日要携家人七日游。但回家一核算,此行开销不菲,于是又对众友人说近期工作繁忙,凡事以大局为重!

众友人不以为然。但过了几日,杜丽丽觉得众友人对她的言论没有发表意见,不是朋友的一贯作风,难道是大家在笑话她穷吗?杜丽丽心想:咱人穷志不短,我不去旅游,还不能做点别的事情让你们看看?

苦思冥想了几日后,她决定买一些金饰,既能佩戴又能保值,还能在众友人面前炫耀,一举三得!于是,她便在没与家人商量的情况下买进了一批首饰,耳环、耳钉、戒指、手链、项链、足链、胸针等,总之把自己装扮得金光闪闪的,走到哪儿都特别耀眼。

她以为有这样的门面,自己应该赢回自信了,便又邀了二三友人相聚。起初看到友人们个个如清汤挂面,着实让她得意了一番。宴请完毕,还大方地抢着付账，畅快地接叙友情，大家一起畅谈过去、畅谈未来、畅谈家人、畅谈工作。

聚会结束，杜丽丽怀着激昂的心情回了家。回家后细细品味此次聚会的风光，却突然想到众友人都是开着车去聚会的，只有自己是打的去的。

这下，她的心态又不平衡了。想想看，春节聚会时，那些没上大学或上了普通大学的同学们都有车有房，那些当初学习不好的女同学也都嫁得无限风光，而自己当初样样强，到现在却无车无房！

于是对家人横挑鼻子竖挑眼，指责这个指责那个，怨天怨地、哭天抢地、歇斯底里……

客观地说，虚荣心并非一无是处，它是一种追求表面上的荣耀或光彩的心理，或者说是人们对表扬或赞美的渴求。

我们经常说某人爱慕虚荣，不过是说他很看重表面的东西，而不注重内在的修养。这种心理可以在一定程度上激发我们的心灵力量，促使我们去达到预期的目的。

但是，如果一个人的虚荣心过度泛滥，甚至达到了某种变态的程度，这个人便会形成不务实的浮夸思想，轻则得不偿失，重则身败名裂，当然也少不了对他人、对社会、对老天的抱怨。所以，我们应该把握住虚荣的尺度，否则一旦走进虚荣的死胡同，可就很难掉头了。

人生在世，谁不希望活得更体面些？谁不希望受人尊重？可是若把握不住其中的尺度，心态就会出轨，欲望就会泛滥，结果要么是对自卑的安慰，要么是对自尊的亵渎，最终总是逃不脱抱怨和被抱怨的宿命。

所以，任何人都应该放平自己的心态，认识到"天生我材必有用"，每个人都有自己的人生价值。无论是天王巨星，还是平凡百姓，你就是你，既不要为自己有所专长而自命不凡，也不要为自己暂时失意而灰心丧气。只有不攀比、不崇拜、不抱怨、不沽名钓誉，我们才能脚踏实地地积极进取，拥有自己真实的高度，成就一个真实的自己。

3.该抱怨时就抱怨——"不敢抱怨"就没有机会送上门来

有些人不抱怨,并非因为他们没有怨气,而是因为他们胆小怕事,对人对事都谨小慎微,从不会随便得罪别人,即使别人得罪了自己,也只能忍气吞声,更不会以牙还牙。

这种人看似老实,但是,在群体中基本处于一种不受重视的地位,没有什么实际影响力,也很难出类拔萃,成为领导者。

首先,他们不抱怨,是不善于表现自己,自己的优点与能力常常不为人所知,给人的印象很平常,所以很难引起他人的重视。

其次,他们不善于为自己的长远发展谋划和争取利益,实力跟不上。即使有自己的看法,也很难产生影响力,因为他们不懂得运用,也没有掌握一定的技巧和手腕,在处理各种关系上原则有余、圆通不足,很难建立起自己的威信,也不容易使自己成为一个广受欢迎的人。

最后,他们不加入任何利益团体,也缺乏给别人带来实惠的能力,而无法给别人带来好处的人,在整个利益关系的链条中势必会处于不被人重视的地位。

不敢抱怨,在群体中没有什么地位,在利益分配过程中就没有什么发言权,只能被动地等待组织或其他人的安排。所以,他们常处于一种任人宰割的地位,如此循环往复,便会陷入一种利益的恶性循环,实力越来越弱,地位也越来越低。

他们不抱怨,一个最基本的特征就是"怕"字当头、不"敢"为先。害怕受到伤害,害怕承担责任,不敢突破常规,不敢表述情绪……做什么事都瞻前顾后、畏首畏尾。有良好的计划不能实施,有正当的利益不敢维护,使自己始终处于一种躲避退让、被动挨打的地位,更助长了不良用心者得寸进尺、肆无忌惮的嚣张气焰。而他们本人呢?既在利益上受损,又在心情上受折磨,可谓是饱受身心的双重磨难。

人与人之间的交往其实就是一个互相适应的过程。这就像是一堆球放在一起进行相互碰撞一样，球质不能太硬，太硬了就会伤人伤己；但也不能太软，否则就会被别人压扁，丧失基本的生存空间。他们就属于那种球质太软的人，其交际行为基本上属于退缩、隐忍型的，主张"和"为贵，强调"忍"为上，结果往往不能守住自己的底线，不战而降。说到底，主要是因为他们缺乏与别人争斗的决心、勇气和信心。

他们不抱怨，间接地源于其观念上的束缚，而直接的原因就是害怕承担后果。毕竟任何突破常规的行为都要冒一定的风险，任何的斗争都可能会有流血牺牲，他们被想象中的后果所震慑，从此便变成了软弱者。而人一旦在一件事情上变得软弱，那么就很可能会出现"多米诺骨牌"效应，在接下来的一连串事情上继续软弱下去。

实力不是靠恩赐所能得到的，它必须靠我们自己积极地努力去主动争取。

所以，该抱怨的时候就要学会抱怨。"会哭的孩子有奶吃"，必须学会适度抱怨，使自己的思维方式和处世方法实现一个根本性的转变，不再成为社会最底层、最受忽视的人。

首先，要学会正确地表现出自己的情绪。

要把对对方的不满、生气等情绪以不攻击的形式表露出来，让激起你的怒火等不良情绪的人知道，他们的行为使你不满，从而及时释放他人给你造成的负面情绪。

当然，我们也要学会理解他人的不完美，每个人都有犯错的权利，要学会感谢伤害你的人。在心理学上，有一种定律叫"细小让步定律"，指的是只需做出微小让步，便能让人很快赢得人心，有时比做出大的让步更能收到满意的效果。让步的技巧在于：让步要在明处，让步程度不可过大，要渲染放大你的让步，适时暗示你的需求，坚持原则，欲擒故纵。

其次，要学会调节自己的情绪。

真正地用心去体悟十分重要。"体悟"包含着理解但是高于理解，是

理解与个人的丰富阅历、切身感受相结合的产物,具有融普遍真理与特殊情况于一身的特点。唯有真正地体悟,才能有真正的收获与进步。

最后,凡事要有主见,要培养自己乐观的人生态度,没有主见的人最容易受情绪的感染。

情绪不仅来源于自身,也来源于他人,即情绪的传导。情绪的传导是我们情绪产生的一个重要原因,以下几类人常常充当着传导者:轻而易举让别人感觉到自己情绪的人,让别人与他同悲同喜的人,在某处不如意则迁怒他人的人,敏感、同情心强、善于察言观色的人以及高情商的对别人的负面情绪有免疫功能的人。

对此,我们能做的就是学会远离消极的人,若无法远离,则要学会与消极的人相处,多看他的优点,转移你对他的注意力。

抱怨可以是金,看你如何发掘并提炼

人们总感觉抱怨就是在表达痛苦、不愉快或者苦恼的情绪,它也代表着疾病或者困扰,甚至还表示挑毛病、小题大做、哭诉、不停地发牢骚、宣泄怨言、叹息、呻吟、絮絮叨叨、找茬、使某人难受、挑剔、诉苦、哀叹以及激怒别人……

所以,很多人有时候可以纵容自己的抱怨,却不喜欢听别人的抱怨。

但是,如果我们转变原来的看法,将"抱怨"看成是"金",就能更充分地利用对方反馈的有效信息来发展自己。

1.抱怨是礼物——从抱怨中认识自己的不足

有一天,移动公司的一个业务员接到了一个电话,当她像往常一样询问对方需要什么帮助时,电话那边却没有声音。过了好一会儿,对方才低声说:"喂,我和女朋友要分手了。"如果一般人接到这样的电话,多半会想:这也太可笑了,你和女朋友分手怎么把电话打到这里来了?这又不是心理咨询热线!甚至会想,对方该不会精神上有什么问题吧?或者直接就会把电话挂了。

但她却没有这样做,而是小心地问对方:"先生,这和我们移动公司有什么关系吗?"

谁知一听她这么问,对方的情绪立即激动了起来:"怎么会没关系?都是因为你们移动,害得我和女朋友总是吵架,现在都要分手了,我再也不相信你们移动了!"还没等她反应过来,对方就"砰"的一声把电话挂断了。

这下她可真是一头雾水了,到底是怎么回事?可能很多人接到这样的电话,大多会将它当作一个骚扰电话来处理。但她却想,听对方的语气不像是有意找茬,可能真的是遇到了什么问题。

她下决心把事情弄清楚,于是查找了来电记录,发现对方当天拨打了5次客服的电话,每次都不到一分钟。这样看来,客户可能是认为客服不会帮他解决问题,所以他只是通过拨打电话来宣泄他的不满。

因为不想让客户放弃对公司的信任,她决定了解一下到底发生了什么事情,于是拨通了对方的手机。然而,她刚刚说了声"您好,我是XX的客服代表……"对方就大声喊道:"我心情不好,别来吵我,跟你们移动公司没什么好讲的!烦躁!"然后又是"砰"的一声把电话挂断了。

遇到这种情况,很多人都会觉得很委屈:我出于一片好心,才打了这个电话,他却一点也不领情,简直太让人生气了。算了,我也懒得管了!

但这位客服却没有这样做,她第二天又拨通了对方的电话。在她热心而耐心的引导下,对方终于向她讲述了事情的原因。

原来,那位客户住的地方比较偏远,手机信号不好,电话老是接不到。久而久之,他在外地工作的女朋友就疑心他瞒着自己交了别的女朋友。前几天,他给女朋友打电话,好不容易打通了,两人正准备好好聊聊,谁知手机这时却串了线,出现了另外一个女孩的声音。这样一来,他的女朋友就更加坚信自己的怀疑了,吵着要分手,他怎么解释都听不进去。因为满腔的委屈说不出来,他把怒火都发泄到了移动公司身上,所以才有了开始的那一幕。

她明白了事情的真相后,决定帮助这个客户。于是她拨通了客户女朋友的电话。经过反复的说明和解释,客户的女朋友终于相信那只是一场误会,并表示不会再赌气了。

等她把这个消息告诉客户时,客户高兴得不知道说什么好。也就是在客户不停说着谢谢的那一刹那,她觉得非常高兴,因为自己勇敢地飞跃了客户心中的"喜马拉雅"山。

相信看了这个真实的案例,很多人心中都会有很深的感触。因为心中有一份"不能让任何一个客户失去对公司信任"的责任,所以对方不理解也好、有怨言也罢,这个客服人员都能心平气和地接受,并且在一次次努力下,弄清问题的原因,找到解决的方法。

其实,她不仅飞跃了客户心中的"喜马拉雅",也飞跃了自己心中的"喜马拉雅"——责任的高山。

很多时候,抱怨可以是"礼物",尤其是对企业来说。

"从客户的抱怨中,我们可以看到自己的不足。"克里斯·克拉弗特游艇公司的副总裁鲍勃·麦克莱尔就是这样认为的,他对通过倾听顾客的投诉来管理监督公司和改良产品有直接的体会。

但麦克莱尔也说:"你必须鼓励你的顾客,因为他们往往不直接将他们的抱怨告诉公司。"

比如，一些游艇的主人说他们不知道怎样表达他们的不满，因为他们不确定该询问什么，或者害怕被游艇经销商看作是麻烦的人；其他一些游艇的主人则对经销商的专业知识缺乏信心，或者认为每个购买者都会碰到这些问题。因此，鲍勃·麦克莱尔鼓励他的经销商走出去和游艇购买者接触交流，尤其是这些人在他们的游艇上激烈抱怨时。

企业通过一次又一次地倾听顾客投诉，能够了解到如何调整自己的产品和服务以符合顾客的需求，如何翻新内部的过程以获得更高的效率和精确度，从而为更好地服务于顾客奠定良好的基础。

威斯康星州的威斯巴公司，是一个拖车零件生产商，该公司因为询问和听取其顾客对产品质量的激烈的抱怨，而提高了产品质量水平，成为了20多家更大的拖车制造商生产标准设备的衡量标准。即使到了今天，人们谈到这些产品，也认为它们的质量在市场上是独一无二的。

遗憾的是，很多人不明白这个道理。他们草率处理抱怨的时候，也失去了从抱怨中成长的机会。

很多时候，客户的抱怨是一个棘手的问题，看似无法达到，但只要勇敢去面对，将苛刻的条件当成前进的动力，让问题逼着自己成长，再大的问题都不是问题。假如你放弃，或者在规定的时间内不能够完成目标任务，那么，你就会在激烈的市场竞争中失去信誉，失去合作的机会。

你一定要明白，问题不可能因为你的回避而自动消失！推卸责任也只能使问题更严重！最好的办法，就是做个有心人，主动承担起自己的责任，主动寻找有效的解决办法。

小高和小严是同一家公司的业务员，他们差不多是同时进入这家公司的。

作为初涉营销领域的新人，他们都不同程度地面临着人际关系复杂、业绩不如意等问题，但是小高得到了升迁，而小严却离开了公司。为什么呢？

原来，小严在种种问题的压力下总是抱怨自己的运气不好，抱怨周围的同事瞧不起他。如此一来,他自己承受的心理压力就越来越大,以至于工作中的问题变得越来越严重,最后不得不辞职离开公司。

小严有着很严重的退缩心理,在这种消极心理的影响下,他一遇到工作和人际关系中的问题无法解决的时候就想逃避,而不是从自身寻找解决问题的突破口。小严没有认识到,不管在哪一家公司都会遇到同样的问题,这种怨天尤人的态度是不可取的。

相反,小高在遇到和小严同样问题的时候,他首先会综合分析自己的问题,然后针对自己的不足积极学习以弥补自己的缺陷——要做好营销,首先就要搞好人际关系,因此必要的沟通与交流是必不可少的。为了锻炼自己的口才,小高总是积极地在各种场合锻炼自己,并抓住每一个发言的机会。另外,他平时还会积极地找上司和同事沟通,并且学会了从别人的角度看问题。

由于小高积极地改变自己,所以在市场开发中取得了很好的成绩。同时,他还针对自己的陋习,比如工作时的惰性心理等进行了改变。小高在改变自己的过程中,工作中的问题也逐渐得到了解决。他的业绩不断地增长,最后升为了部门主管。

小高的成功,应该归功于他在遇到问题时积极地从自身寻找解决的办法,积极地改变自己。俗话说:"变则通,通则久。"在工作中遇到问题时,不妨多从自身的角度考虑,及时改变自己不适应工作的那些缺陷。

另外,每个人每天都要面对新问题,因此,你考虑问题的角度、解决问题的办法也要随着问题的不同而改变。

一个年轻的农夫,划着小船,给另一个村子的居民运送自家的农产品。那天的天气酷热难耐,农夫汗流浃背、苦不堪言。他心急火燎地划着小船,希望赶紧完成运送任务,以便在天黑之前返回家中。突然,农夫发现前面有一艘小船,沿河而下,迎面向自己快速驶来。眼看两艘船就要撞上了，但那艘船丝毫没有避让的意思，似乎是有意要撞翻农夫的小船。

"让开，快点让开！你这个白痴！"农夫大声地向对面的船吼叫道，"再不让开你就要撞上我了！"但农夫的吼叫完全没用，尽管农夫手忙脚乱地企图让开水道，但为时已晚，那艘船还是重重地撞上了他的船。

农夫被激怒了，他厉声斥责道："你会不会驾船，这么宽的河面，你竟然撞到了我的船上！"当农夫怒目审视对方的小船时，他吃惊地发现，小船上空无一人，听他大呼小叫、厉声斥骂的只是一艘挣脱了绳索、顺河漂流的空船。

很多时候，当你在工作中责难、怒吼的时候，你的听众或许只是一艘空船。那个一再惹怒你的人，绝不会因为你的斥责而改变他的航向。

当然，你完全不必转而去讨好这个人，也没必要和他达成一致意见，甚至你继续厌烦他也无妨。但你一定要清楚，不能让他制造的麻烦转变成你的烦恼。的确，在工作中，总有很多的"别人"让我们很郁闷。在你抱怨的时候，你也会发现这种郁闷的原因：可能是因为他们和你融不到一起，可能是他们不欣赏你，可能是他们不喜欢你，可能是他们不重视你……可能是你的要求不合理，也可能是你的期望值过高……

其实，囚禁我们的不是别人，恰恰就是我们自己，是我们的心态和能力。

20世纪30年代，日本有个矮小的保险推销员，他的业绩很差，因而收入也少得可怜。有一天，他来到一所寺庙，向一位老僧人推销保险，滔滔不绝地说着投保的好处。没想到他说完之后，老僧人摇了摇头说："小伙子，你说了这么多，我没有丝毫兴趣啊！"这如同一瓢冷水，使年轻人灰心极了。老僧人注视着他，接着说："你要向人推销，就一定要有一种强烈的吸引力才行，否则，你是不会有什么前途的。"看着满脸通红的年轻人，老僧人说："小伙子，还是先改造改造自己吧！"

走出寺庙后,年轻人一路上思索着老僧人的话,他觉得话虽不中听但很有道理。为了改造自己,他组织了专门针对自己的"批评会",每月一次,每次请来5个同事或者投了保的客户一起吃饭,请他们指出自己的毛病。虽然他很拮据,但即使典当衣物,也坚持这样做。

每一次的"批评会"都使他有被剥皮抽筋的感觉,但他依然默默地忍受着。他把那些逆耳忠言都记录了下来,以便平时进行自我反省。随着毛病的减少,他渐渐成熟了起来。他的努力终于得到了回报,到了1939年,他的销售业绩跃居全日本第一。从1948年起,他竟然连续15年保持全日本业绩第一的好成绩。这个矮个子不是别人,就是著名的推销大师原一平。

美国亿万富翁约翰逊说:"遇到障碍我会诅咒,然后搬个梯子爬过去。"有些时候,迫切需要改变的不是别人,而正是我们自己。

一个销售员很不满意自己的工作,他愤愤不平地对朋友说:"我的老板一点也不把我放在眼里,改天我要对他拍桌子,然后辞职不干。"

朋友对他说:"我举双手赞成你报复!这样的老板一定要给他点颜色看看。不过你现在离开,还不是最好的时机。"

这人一脸疑惑地问:"为什么?"

朋友说:"如果你现在走,老板的损失并不大。你应该趁着还在这里,拼命去为自己拉一些客户,成为公司独当一面的人物,然后再带着这些客户突然离开公司,你的老板就会受到重大损失。"

这个销售员觉得朋友说得非常在理,于是决心努力工作。事遂所愿,半年多的努力工作后,他有了许多忠实客户。再见面时,朋友对他说:"现在是时机了,要跳赶快行动哦!"

销售员兴奋地答道:"我发现近半年来,老板对我刮目相看,最近更是不断给我加薪,并和我长谈过,准备让我做他的助理,我暂时没有离开的打算。"

"这是我早就料到的！"他的朋友笑着说，"当初你的老板不重视你，是因为你的能力不足，又不努力，而后你痛下苦功，他当然会对你刮目相看了。"

台湾的女作家杏林子说："现代社会，昂首阔步、趾高气扬的人比比皆是，然而有资格骄傲却不骄傲的人才真正高贵。"有些员工高估了自己，放不下自己的高身段、高身价，结果总是得不到别人的欣赏。

有一位管理专业研究生，在他毕业后的3年里，走马灯似的换了好几个单位，但每次都会因为这样、那样的原因而待不下去，最后只好辞职。

为什么会这样呢？我们看一下他的工作经历：

这位研究生毕业后便开始找工作。刚开始时，应聘单位一听说他是研究生毕业，都争相聘请他。于是，他选择了一家不错的单位。但刚到单位第一天，他就颇为不满，因为没有人接待他，领导只让一位同事帮他安排了住宿。他有种受冷落的感觉，心中有些愤愤不平，觉得自己一个研究生，单位居然一点都不重视。

带着这种情绪开始工作，自然就免不了处处挑剔。这样一来，手中的工作迟迟做不出什么实质性的成果。3个月后，单位对他的态度急转直下。因为没有创造出价值，领导对他的能力产生了怀疑。

不仅如此，因为过于骄傲、不合群，同事们都疏远他，不愿和他一起做事。单位只好将他另外安排到新成立的分公司当经理。这家公司是和别人合作的，对方出技术，他们公司出钱。可在双方合作中，他的态度始终非常高傲。他认为那样的技术很平常，哪里都找得到，常常流露出瞧不起对方的样子。最后，双方的合作没有成功，大家不欢而散。分公司也因为他管理不善，没有创造效益而被撤销。这样一来，他自然也就被公司辞退了。

之后，他又到另外一家公司当部门经理。吸取了上次的教训，这次

他表现得对谁都很客气,但骨子里还是谁也瞧不起。抱着这样的心态,工作自然还是做不好。没多久,他又被辞退了。

后来,他又去过几家单位,但每次都是大同小异,过不了几个月就会被辞退。

其实,这位员工的发展,是被"管理专业研究生"的光环给葬送了。他的内心装满了自己,装满了过去,因此装不下别人,装不下现在与将来。

后来,在跟一位职业咨询师抱怨了以后,他幡然醒悟。从那以后,他将自己视为一个彻底的"空杯",一改过去高高在上的个性,也没有了怨天尤人的情绪。

现在,他已经是一家公司的部门经理了,成了一个不仅在本单位,而且在方方面面都很受欢迎的中层管理者。

抱怨是一份礼物,打开抱怨的盒子,里面装的是你一直发现不了的问题和不足。只要你肯接受这份礼物,直面自己身上存在的问题和不足,从现在开始积极行动,你就能提升自己的价值。

2.抱怨是镜子——意识到抱怨他人等于影射自己

"就那么点破工资,还得天天加班,都快累死了。"

"什么狗屁领导,一点水平都没有。如果我是主管,一定比他强百倍。"

"这工作一点技术含量都没有,重复,无聊的重复,简直要把我弄疯了!"

"咱们主管就是一马屁精,瞧他那张马脸。"

……

在职场上,"抱怨就像空气一样无处不在",职场人只要凑到一起,抱怨就是必须的——抱怨公司低廉的薪酬福利，抱怨上司"弱智"的管理，抱怨遇不到慧眼的伯乐，抱怨别人不理解自己，抱怨干不完的工作，抱怨受不尽的委屈……但，只要你用心回想一下，就会发现，所有的"抱怨"都是一面镜子，能照出你的期望值、你的缺点、你的要求。

李玫牵头的投标文件被废了，这是她负责的标书在本月份第二次被废。公司主管经营的赵总不得不把她叫去谈一谈。

李玫向赵总罗列了一堆问题："技术标做得太粗糙了，技术组的人也不检查就扔给我，里面存在很多硬伤；报价标呢，来来去去调整了好几遍，有些数据肯定有问题；那几个新来的年轻人，根本就是帮倒忙，让他们调个格式、盖个章都弄得完全不符合要求；还有，咱们签约的那家复印装订社，机器又差，员工又笨，标书都装错了好几本……我一个人哪里顾得过来这么多事情？"

"同样是这些人，怎么别人牵头负责的标书就没问题呢？"

听到赵总的反问，李玫脖子一扭："哼，你说的不就是孙燕燕吗？人家运气好呗，总赶上关系到位的标。跟业主和招标代理关系好了，标书怎么做都能通过。"

她继续不屑地说："她也经常出错，只是赵总您不知道罢了。还有啊，上次她还……"

赵总不耐烦地打断了她："好了好了，你就别说别人了，还是先找找自己身上的问题。你今天加个班，针对这两次废标写一个报告给我。你先出去吧。"

对李玫来说，加班已经是稀松平常的事情了。最近，她基本上每天都是晚上8点多才回宿舍。有时候，周末一个加班的电话就把她揪过去。回到办公室，李玫边干边愤愤地想："只给这么点钱，凭什么让我做那么多的工作，我干的活已经对得起这些钱了，多一点我也不会好好干。"

频繁的加班，打乱了李玫不少出行计划：参加不了同学的婚礼、女友的聚会，甚至男朋友也和她争吵……这就像一个恶性循环，她的工作

积极性每况愈下,工作质量也越来越差。

其实,适度的抱怨是发泄消极情绪、缓解内心压力、维持心理健康的一种手段。但是,当抱怨成了习惯,持续的抱怨会使人的情绪变得非常糟糕,看什么都不顺眼,进而在工作上敷衍了事,引起他人的不满,最终使个人的发展道路越走越窄。

我们总觉得,当我们抱怨时,指向的是其他事、其他人,但是从心理学的角度分析,抱怨时,我们指向的其实是自己。这就是"投射效应",它指以己度人,不自觉地把自己的特征(如个性、好恶、欲望、观念、情绪等)归属到别人身上,认为他人一定会有与自己相同的特性。比如,喜欢说谎的人,就会认为别人没一句真话;敏感多疑的人,往往会认为别人不怀好意。

投射效应使人们倾向于按照自己是什么样的人来认识他人,因而容易对其他人产生错误的认知。比如,上述案例中的李玫,自己责任心不强,却归咎于其他人缺乏责任心;消极怠工,却确信公司待她不公。

有些人也许会不服气,他们觉得:"不该我的错,为什么要我承担责任呢? 明明是别人惹出来的问题,老板却怪我,难道我不该抱怨吗?"

"这不是我的错!"

"是他让我这样做的!"

"这不是我干的!"

……

这样的话语对你来说是否似曾相识?

不要感到奇怪,因为这些话可能就是我们自己曾经说过或者是我们身边的同事和朋友经常说起的。出现问题时,很多人第一时间总是会这种反应,殊不知,一旦你说出上面的这些话,你就失去了朋友、同事、客户对你的信任。

职场中,主动承担责任就是挽救自己,给自己改过的机会,挽救那些即将失去的客户。

三星公司开发笔记本电脑时，起步比同行业公司晚很多，但现在，三星笔记本活力十足，不断推出新产品，比"千呼万唤始出来"的老大哥索尼更新换代的速度要快很多。原因何在？一切都在于三星的管理理念——任务一旦接手，就要负责到底。

　　笔记本电脑刚上市时，索尼因为产品设计精巧而占据了很大的市场份额。三星为了抢占新的产品市场，和目标对手索尼一决高下，决心开发出比索尼的最新款更轻更薄的笔记本电脑。

　　于是，三星高层挑选了一批技术骨干，在技术部主任的带领下向研发出比索尼公司同类产品"至少薄1厘米"的高标准努力奋进。1厘米看似微不足道，但以当时的技术看来无异于天方夜谭。就连技术部主任心里也没底，几个月后，没有丝毫的进展和突破，最终只得宣布放弃。

　　最后，时任韩国信息通信部部长、主攻技术创新的陈大济被委以重任，带领研发团队开始挑战这项艰巨的任务。当时，正值全球经济不景气，其他企业纷纷缩减研发经费之际，三星公司却拨出巨资给研发团队，这样的举动无疑给研发团队增加了更多的压力。

　　尽管压力很大、任务难"啃"，陈大济和整个研发小组却自始至终都没有丝毫放弃的念头。他们知道，如果不能尽快完成任务，三星就很难在电脑行业占据新的市场领地，更不用说以后的发展了。

　　本着对任务、对公司的责任感，陈大济和研发小组的成员一起克服技术难题，经过8次反反复复的实验与改进，最终成功地实现了他人眼中不可能实现的结果。

　　三星公司生产的笔记本电脑一上市，这款当时全球最薄的电脑便立即吸引了所有同行的眼球，全球最大的计算机公司戴尔看到三星的产品后也大吃一惊，立即下了一张160亿美元的采购合同。也正是这笔大订单，使得三星一夜间成了全球制造高端笔记本最强大的企业之一。陈大济和整个研发小组的成员都得到了不同程度的褒奖和升迁。

做人不能乱揽不必要的麻烦,但是,"上帝拯救主动之人",既然你选择了自己的岗位,就要接受它的全部,而不仅仅只是享受它所带来的益处和快乐。即便真的是他人惹的祸,作为公司的一员,你又怎么可能一点错都没有?

这不是我的错——但你当时为什么不纠正别人的错?

是他让我干的——你既然知道这样干是错的,为什么还要去干?

这不是我干的——那你为什么不主动阻止别人干错事?

……

在职场上,任何主动承担责任的员工,尤其是领导者,不管是成功还是失败,无论结果如何,都更容易受到老板的器重,有更多机会成为企业中的红人。

承担责任,不仅能给自己争取一个改过的机会,还能在一定程度上提高自己的信誉。尤其是一些管理者和大的企业,勇于承担,是赢得"人心"的最好方法之一。

【测试】你的负责程度有多高?

假日到公园里享受悠闲时光,你通常会选择什么地方坐着来消磨时间?

1.能看到人来人往的小径坐椅上

2.柳树垂杨的湖畔边

3.可以遮阳的凉亭内

4.枝叶繁茂的大树底下

答案:

选"1.能看到人来人往的小径坐椅上"

你时常会把许多大小事情都揽在自己身上,有时不该是你责任范围内的事,也不知为何会落到你的头上来。如果你是真心想担起责任的话,当然没问题,可是如果你每次都为莫名其妙地身负重任而苦恼不已的话,那你就得学着如何适时拒绝,或者表达出自己的反对意见了。

选"2.柳树垂杨的湖畔边"

你还算是有责任感的人,但是并不会去承担一些有的没有的责任。只要是自己份内的事,或者是自己捅出来的祸,你就会站出来负责到底,找办法补救。但是,如果有人希望你多负担点不属于你的责任,可能就要有利益引诱,才能够说动你!

选"3.可以遮阳的凉亭内"

有点小聪明的你,很懂得求救示警,每当有事情发生时,第一个会让你想到的解决之道就是找人帮忙,当然这也算是一种负责任的方式。不过,可能会有人觉得你不能负责,而想推卸给其他人。所以做事的时候,你应该表现出勇于负责的态度,先想办法自己解决,免得被批评。

选"4.枝叶繁茂的大树底下"

你最怕别人叫你负责,只要是必须肩负重责大任的工作,你总是会考虑再三,能不要就不要。但这并不是说你没有责任感,只是你觉得一旦答应他人,就应该负责到底。因此怕麻烦的你,总是希望能省一事就省一事。

3.抱怨是台阶——从别人的抱怨中提升自己

前谷歌全球副总裁兼中国区总裁李开复博士曾用自己亲身经历的一件事情,告诉年轻人,机遇就在当下的每一项工作之中,如果想得到,就必须首先要做到。

事情是这样的。有一天,李开复头发长了,他太太催他去理发,还让他去XX理发店,找他姐姐推荐过的一个叫加里的年轻理发师。于是,他下班后就径直到理发店找到了那位名叫加里的小伙子。

加里看到李开复后,似乎有些惊讶地说:"你是李开复老师吗?"

"是的。"

"你知道吗?我买了你的书,读了两遍。下次,帮我签个名吧。"加里有点儿兴奋。

"OK。"

"能问你一个问题吗?"

"你边剪边问吧。家里人还等着我用餐呢。"李开复拿掉眼镜,催加里快点开始理。

"我如果和老板意见不合怎么办?"看来,这个问题已经困扰加里很久了。

"你的老板是个什么样的人?"李开复反问道。

"他人挺好的,对我也很赏识,只是最近有一件事,他当众批评我,让我非常生气。"

"那要看是什么事情。"

"老板批评我对顾客不够周到。"加里皱紧了眉头,"也许我可以做得更好。但问题是,我是被洗头的小妹陷害的。她在背后说我坏话,以为我不知道……"

加里越说越激动,抱怨了十几分钟,李开复听明白了事情的大概。加里太专注于自己的工作,却没处理好人际关系,也就是说,人缘不好。于是,李开复便提醒加里看一看关于情商和团队合作的书,李开复还告诉加里,其实他的老板挺好的,偶尔错怪他一次,也别老放在心上。

听了李开复的建议,加里的心情明显好了许多,说:"谢谢李先生!还有一个问题:我想要创业。"

然后,他向李开复谈起了过去他如何放弃读大专的机会,到深圳拜师学艺。这些年,他努力攒钱,也算略有积蓄。另外,他还读了不少关于创业和管理的书。现在,他打算自己开一间理发店。

他看起来很执著,单身,又有一技之长,创业似乎是一个不错的选择。但李开复还是建议他,必须先培养人际关系。另外,对于理发店的运

营,也可以在工作时多学习一下,比如财务、采购等方面的事情都要学习。

加里听得全神贯注、津津有味。40分钟后,理发结束,加里诚恳地说:"李先生,非常感谢你的指点,我现在知道该怎么做了。以后开了店,理发我请客。"

"别客气。"

"戴上眼镜,照照镜子,看看怎么样?"

"不用了,我姐姐那么挑剔的人都夸奖你,你理的发一定没问题。"李开复说完便匆匆地走了,这次理发的时间太长了,家里人还等着他呢。

回到家里,李太太一看到他就大声地叫了起来:"哇!你的头发好像狗啃的!"他的两个孩子看到了,也一个捧腹大笑,一个要拍照。

李开复赶紧戴上眼镜跑到镜子面前看。原来,年轻的理发师只顾着跟他讨论问题,他的头发却成了无辜的牺牲品。

看着惨不忍睹的头发,他决定永远都不会再去这家理发店了。

李开复认为,这个年轻的理发师忽视了非常重要的一点:有理想并追寻理想是好的,但只有先把分内的事做好,才有资格期望更多。

如果你是一个理发师,要先把客人的头理好,才有资格找客人帮忙。头发理得不好,客人就不会再来,以后怎么帮你的忙呢?

同样,如果你刚进入职场,那就先把分配给你的工作做好,这样才有资格去考虑晋升与发展。老板交代的事没做好,怎么会给你晋升的机会呢?

正是从这个理发师的抱怨中,李开复得出了一个结论:"无论多远的路,都要从脚下开始,欲速则不达。当每一个环节都做得足够好时,成功的果实自然水到渠成。"

"未来并非不能想象。但想象之余,更多的是,把握好手中的一分一秒,做好每一件事,功到自然成。不论做人还是做事,都切勿好高骛远,

先把自己分内的事情做好,再去想别的。"

他把这个结论告诉了千千万万个年轻人,鼓励他们成长。

有时候,对方的抱怨是一个台阶,可以让我们看到自己的提升空间。所以,抱怨并非一无是处。

那么,如何倾听对方的抱怨,并发现有价值的东西呢?

(1)鼓励对方先开口

首先,倾听别人说话本来就是一种礼貌。愿意听表示我们愿意客观地考虑别人的看法,这会让说话的人觉得我们很尊重他的意见,从而有助于建立融洽的关系,彼此接纳。

其次,鼓励对方先开口可以降低谈话中的竞争意味。我们的倾听可以培养开放的气氛,有助于彼此交换意见。说话的人由于不必担心竞争的压力,也可以专心掌握重点,不必忙着为自己的矛盾之处寻找遁词。

最后,对方先提出他的看法,你就有机会在表达自己的意见之前,掌握双方意见的一致之处。倾听可以使对方更加愿意接纳你的意见,也更容易被你说服。

(2)使用并观察肢体语言

当我们和人谈话的时候,即使我们还没开口,我们内心的感觉就已经透过肢体语言清清楚楚地表现出来了。听话者如果态度封闭或冷淡,说话者很自然就会特别在意自己的一举一动,比较不愿意敞开心胸。

从另一方面来说,如果听话的人态度开放,表现得很感兴趣,那就表示他愿意接纳对方,很想了解对方的想法,说话的人就会受到鼓舞。而这些肢体语言包括:自然的微笑,不要交叉双臂,手不要放在脸上,身体稍微前倾,常常看对方的眼睛,点头,等等。

(3)非必要时,避免打断他人的谈话

善于听别人说话的人不会因为自己想强调一些枝微末节、想修正对方话语中一些无关紧要的部分、想突然转变话题,或者想说完一句刚刚没说完的话就随便打断对方。经常打断别人说话表示我们不善于听人说话、个性激进、礼貌不周,这样很难和人沟通。

虽然打断别人的话是一种不礼貌的行为,但是"乒乓效应"除外。所谓的"乒乓效应",就是指听人说话的一方要适时地提出许多切中要点的问题或发表一些意见感想,来响应对方的说法。一旦听漏了一些地方,或者是不懂的时候,要在对方的话暂时告一段落时,迅速地提出疑问之处。

(4)听取关键词

所谓的关键词,指的是描绘具体事实的字眼,这些字眼透露着某些讯息,同时也能显示出对方的兴趣和情绪。透过关键词,可以看出对方喜欢的话题以及说话者对人的信任。

另外,找出对方话中的关键词,也可以帮助我们决定如何响应对方的说法。我们只要在自己提出来的问题或感想中,加入对方说过的关键内容,对方就可以感觉到你对他所说的话很感兴趣或者很关心。

(5)反应式倾听

反应式倾听指的是重述刚刚所听到的话,这是一种很重要的沟通技巧。我们的反应可以让对方知道我们一直在听他说话,而且也听懂了他所说的话。

但是,反应式倾听不是像鹦鹉一样,对方说什么你就说什么,而是要用自己的话,简要地述说对方的重点。比如,"你说你住的房子在海边?我想那里的夕阳一定很美。"反应式倾听的好处主要是让对方觉得自己很重要,能够掌握对方的重点,让对话不至于中断。

(6)弄清楚各种暗示

很多人都不敢直接说出自己真正的想法和感觉,他们往往会运用一些叙述或疑问百般暗示,以此来表达自己内心的看法和感受。但是这种暗示性的说法有碍沟通,因为如果遇到不良的听众,他们话中的用意和内容往往会被误解,最后就可能会导致双方的失言或引发言语上的冲突,所以一旦遇到暗示性强烈的话,就应该鼓励说话的人再把话说得清楚一点。

(7)暗中回顾,整理出重点,并提出自己的结论

当我们和人谈话的时候，通常都会有几秒钟的时间，可以在心里回顾一下对方的话，整理出其中的重点所在。我们必须删去无关紧要的细节，把注意力集中在对方想说的重点和主要的想法上，并且在心中熟记这些重点和想法。讨论问题的细节也许很有趣，可是只有找出对方话中的重点，我们才能比较容易从对方的观点中了解整件事情。只要我们不再注意各种细枝末节，就不会因为没听到对方话中的重点或是错过主要的内容，而浪费宝贵的时间或者做出错误的假设。

暗中回顾并整理出重点，也可以帮助我们继续提出问题。如果我们能指出对方有些地方话只说到一半或者语焉不详，说话的人就知道，我们一直都在听他讲话，而且我们也很努力地想完全了解他的话。如果我们不太确定对方比较重视哪些重点或想法，就可以利用询问的方式，让他知道我们对谈话的内容有所注意。

(8)尊重说话者的观点

如果我们无法尊重说话者的观点，就可能会错过很多机会，而且无法和对方建立融洽的关系。就算是说话的人对事情的看法与感受，甚至所得到的结论都和我们不同，他们还是会坚持自己的看法、结论和感受。

尊重说话者的观点，可以让对方知道，我们一直在听，而且我们也听懂了他所说的话，虽然我们不一定同意他的观点，但我们很尊重他的想法。若是我们一直无法尊重对方的观点，就很难和对方彼此接纳，或共同建立融洽的关系。除此之外，尊重说话者的观点也能够帮助说话者建立自信，使他更能够接受别人不同的意见。

延伸阅读：掌控自己——学点抱怨的表达方式

在这个经济至上的社会，一份工作，即便是不好的，也是你想要紧紧握住的。如何提升工作中的幸福感呢？虽然你无法控制抱怨，但可以试着换一种方式去表达你的怨气。

1.对老板说"是"，但对其他人讲"我一会儿给你回电话"

你是否属于"好的，妈妈"类型的女性？很多情况下这很好，比如你的老板要求你领导一项可以让你升职的项目时，你可以立马对他说"好的"。

但如果是同事、客户或者其他任何人要求你为他们做某些自己并不确定的事情（例如在周六你已经与家人安排好的情况下，他要来你家），不要立刻做出决定，即便你感觉这样做很有压力。

相反的，从长远看，说"我一会儿打给你"之类拖延的话，将会帮助你掌握工作自主权，提高幸福感。

为人随和的欲望，会使你在没有考虑清楚的情况下说"是"。但当你处于支配地位时，你会感觉更加开心，因为这样你可以给自己更多的时间去思考，而不是做出一个让自己后悔的决定。

2.首先做你表示恐惧的事情

工作中有哪些任务是令你尤为担心，然后一整天都在这样的恐惧中度过，最后时刻才逼迫自己去完成的呢？根据心理健康专家卡罗尔·瑞得博士所言，"趣味因子"规则会帮助你。如果你需要在很短的时间内做很多工作，你可以按照它们的趣味等级来进行重点划分。对某些人来说，这意味着首先做令人讨厌的工作，而把最容易的留在最后。

3.奉承一下自己

积极的肯定和态度是与恶劣老板相处的不二法门。

第一步：对自己在这份工作中所学的知识心存感激，如果你睁开双眼看一看，就会发现，事实上，你每天都在学习。

第二步：使用积极的肯定，比如"这只是暂时的"、"这份工作只是我工作生涯中的一个阶段"等，提醒自己，是这份工作选择了你。

这些肯定会证明你处于支配地位。培养控制感会帮助你减少大脑中压力荷尔蒙的水平，进而减少记忆和注意力问题。

4.运用你的想象力和呼吸

这个建议听起来很简单，但是减少你在工作中的焦虑，提高你的幸福感，可能就是几个深呼吸的问题。

如果有可能——即便你不得不把自己反锁在洗手间中——闭上你的双眼,把手放在心脏上,做深呼吸。用鼻孔吸气,然后用嘴呼气。每天至少做一分钟,这会给你带来一种冷静、幸福的感觉。

想要把幸福感再提升一个层次吗?那就运用你的想象力吧。

假想你正位于你最喜欢的地点。如果你喜爱热带、白色沙滩,此刻就让自己沉浸在海滨美景中——在你的头脑中,感受脚下的沙滩,闻一闻带有咸味的空气,倾听海岸线上的波浪声。这种方法会立刻改变你心中的看法,让你有能力用更加宽容、理解的态度处理当前的难题。

5.如果可以,外出走一走

运动是我们所拥有的最佳情绪稳定剂,即便你每天只是做几下伸展运动,或者做几个瑜伽动作,也会感受到压力水平的变化。

想要从工作中的糟糕境遇——焦虑感和失落感里走出来,最佳的方法就是走一走——外出走一走。经过研究显示,全频光线,例如阳光,可以改善心情。

6.用香料疗法

只要它不会令你的同事讨厌或者有违办公室安全法则,一根香味蜡烛或者一个香薰扩散器可以帮助你振作精神。

约翰霍普金斯大学的研究员发现,乳香,一种在宗教仪式中使用了数千年的天然香料,含有一种抗抑郁、抗焦虑的化合物。尝试在办公室点一根乳香蜡烛或者滴上几滴精油吧。

7.为自己所做的事情定一个明确目标(即便你痛恨自己的工作)

研究显示,当人们把自己的工作当作天职——不仅仅是为了薪水——他们的幸福感会明显提高。

那么,在这份你极度不喜欢的工作中,你可以找到什么目标呢?

问问自己,你所做的事情推进了哪些好事情的发生?例如,在饭店工作的人会把快乐和食物带给他人;医药销售代表帮助挽救生命和改善生活;教师在为国家和世界的未来作贡献。

8.伸展手臂,高过头顶

在伸个懒腰之后,有谁不会感觉开心一点、冷静一点、平衡一点呢?

工作中,最佳的伸展运动是伸展手臂,高过头顶。我们身体中储存沮丧和伤心的地点之一就是我们的腋窝。当我们的腋窝打开时,那些情感就会被释放出来,多数人立刻会露出微笑。

9.在你的书桌和电脑四周放置一些可以令你微笑的东西

不要低估你正前方的物品。

你的屏幕保护程序上是否有一些只要你看到就可以立刻敞开心扉的画面。例如:你的宝宝,你的小狗,你的父母,你上次度假或者自然界中意味深长的一张照片。

不管你的职业环境如何,把你和自己热爱的这些事情与人物联系起来的照片,都会增加你的幸福感。

在书桌上摆一些可以让你开怀大笑的物品吧。

它们可以是能发出可爱声音的玩偶,也可以是能让你发出笑声的卡通形象。大笑会平衡你的沮丧、恼怒和气愤。

10.做一些蹲起

是的,这是令人惊讶的建议,但在办公室中做一组20个——是的,20个——蹲起,会帮助你感觉快乐。时间短、强度大的运动会刺激放松荷尔蒙的生长,这是一种天然的心情助推器。

做蹲起可以带动身上最大的肌肉——大腿,因此身体会释放出最大量的荷尔蒙。

11.微笑,真的有作用

当你精神上受到伤害时,你最不想做的事情就是微笑,对吗?

强迫自己微笑可能是诱使身体对抗工作情绪的最快途径。

你确实可以诱使大脑的神经传递素认为你之所以微笑,是因为开心。至于额外好处——你的微笑确实会给他人传递幸福。当你对别人微笑时,他们通常也会对你微笑——模仿他人的面部表情是一种自然反应。

第二章

怎样让抱怨更有效？

——抱怨的黄金法则

　　虽然抱怨是生活中必不可少的一种行为，但是多数人并不会有效地抱怨，而只是琐碎地、毫无意义地唠叨，这对事情的发展没有任何作用。

　　怎样才能让抱怨更有效呢？处理抱怨应该注意什么呢？

抱怨用语——注意你的语气

我们需要明白：人际关系是相互的，你尊重别人，别人也会尊重你；你仇视别人，别人也不会喜欢你。

所以，在抱怨时，用仇视和指责的方式，换来的只会是更多的敌意和批评；而用理解和尊重的方式，则必定会换来更多的宽容和敬意。

孔子说："君子和而不同。"一个真君子既能够坚持自己的观点，同时也能够认真倾听他人的意见，理解和尊重他人的观点。

1.可以抱怨，但永远别说"你错了"

对于绝大多数人来讲，别人通过一些事实证明自己错了是件很尴尬的事情，让上司在下属面前承认自己错了就更不容易了。因此在抱怨后，你最好还能说些理解对方的话。切记，你抱怨的目的是帮助自己解决问题，而非让别人对你产生敌意。

一位先生请一位室内设计师为他的居所布置一些窗帘。当账单送来时，他大吃一惊，意识到在价钱上吃了很大的亏。

过了几天，一位朋友来看他，问起那些窗帘时，抱怨说："什么？太过分了，他一定占了你的便宜。"

这位先生却不肯承认自己做了一桩错误的交易，他辩解说："一分价钱一分货，贵有贵的价值，你不可能用便宜的价钱买到高品质又有艺术品味的东西……"

结果,他们为此事争论了一个下午,最后不欢而散。

当我们不愿承认自己错了的时候,完全是情绪作用,跟事情本身已经没有关系了。当我们发现自己错了的时候,也许会对自己承认,如果对方处理得很巧妙而且和善可亲,我们也可能会承认,甚至为自己的坦白直率而自豪;但如果有人想把难以下咽的事实硬塞进我们的"食道",我们是决不肯接受的。

既然我们自己有这种习性,那么就可以理解别人也具有同样的习性,因此,不要把所谓的"正确"硬塞给他人。

有一位汽车代理商,在处理顾客的抱怨时,常常不肯承认是自己这方面的错误,总想证明问题的根源在于顾客。结果,他每天都会陷于争吵和官司纠纷中,心情一天比一天坏,生意也大不如以前。

后来,他改变了处理客户抱怨的办法。当顾客投诉时,他首先说:"我们确实犯了不少错误,真是不好意思。关于你的车子,我们有什么做得不合理的地方,请你告诉我。"这个办法很快使顾客解除"武装",由情绪对抗变成理智协商,于是事情就容易解决了。如此一来,这位代理商便轻松地处理了每一件事情,生意也越来越好了。

当我们说对方错了的时候,他的反应常让我们头疼;而当我们承认自己也许错了时,就绝不会有这样的麻烦。这样做,不但能避免所有的争执,而且还可以使对方跟你一样宽宏大度,承认他也可能弄错。

古埃及阿克图国王在一次酒宴中对他的儿子说:"圆滑一点。它可使你予求予取。"

不要对别人的错误过于敏感,不要执著于所谓的正确意见,更不要轻易刺激任何人。如果你想使别人同意你,应当牢记的一句话就是:"尊重别人的意见,永远别说'你错了'。"当我们犯错误时,并非意识不到,只是顽固地不肯承认而已。所以,当你对一个人说"你错了"时,必然会撞在他固执的墙上。

我们多数人都具有武断、固执、嫉妒、猜忌、恐惧和傲慢等缺点，所以我们很难向别人承认自己错了。而且，一个人说错话或者做错事，总是有原因的，所以我们即使明知自己错了，也会强调客观原因，认为错得有理。

正如罗宾森教授在他的《下决心的过程》中所说：

"我们有时会在毫无抗拒或热情淹没的情形下改变自己的想法，但是如果有人说我们错了，反而会使我们迁怒对方，更固执己见。我们会毫无根据地形成自己的想法，但如果有人不同意我们的想法，我们反而会全心全意维护自己的想法。显然不是那些想法对我们珍贵，而是我们的自尊心受到了威胁……'我的'这个简单的词，是做人处世的关系中最重要的，妥善运用这两个字才是智慧之源。不论说'我的'晚餐、'我的'狗、'我的'房子、'我的'父亲、'我的'国家还是'我的'上帝，都具备相同的力量。我们不但不喜欢说'我的'表不准，或'我的'车太破旧，也讨厌别人纠正我们对火车的知识……我们愿意继续相信以往惯于相信的事，而如果我们所相信的事遭到了怀疑，我们就会找借口为自己的信念辩护。结果呢？多数我们所谓的推理，都变成了找借口来继续相信我们早已相信的事物。"

2.指责时不揭他人之短，抱怨时不道他人之秘

通常情况下，人在抱怨时，最容易暴露其缺点。无论是挑起事端的一方还是另一方，都是因为看到了对方的缺点并产生了敌意，敌意的表露使双方关系恶化，进而发生争吵。争吵中，双方在众人面前互相揭短，使各自的缺点暴露在大庭广众之下，无论对哪一方来说都是不小的损失。

某公司的一个部门里有两个职员，工作能力难分伯仲，互为竞争对

手,谁会先升任科长是部门内十分关心的话题。但这两个人竞争意识过于强烈,凡事都要对着干。快到人事变动时,他们的矛盾已激化到了不可收拾的地步,好几次互相抱怨、揭对方的短,科长及同事们怎么劝都无济于事。结果,两人都没有被提升,科长的职位被部门其他的同事获得了。

因为他们在抱怨中互相揭短,在众人面前暴露了各自的缺点,让上级认为两人都不够资格提升。

《菜根谭》中有句话:"不揭他人之短,不探他人之秘,不思他人之旧过,则可以此养德疏害。"

在日常生活中,人们总是喜欢挑别人的毛病,看不到别人的优点,即使看到了也吝于表扬,而且,在与人交谈中,总喜欢谈论别人的短处。世间没有十全十美的人,每个人都有长处,也都有短处,而人们往往不愿让别人提及自己的短处。

必要的抱怨是难免的,但是,在谈话当中,要极力避免议论别人的短处,否则不仅会损害别人的尊严,也会显得自己品德有缺陷。

不可在谈话中故意刺探别人的隐私,不可一知道别人的一点点短处就逢人便讲。宇宙之大,谈话的素材取之不尽,何必总拿别人的短处做话题呢?人有短处一点也不奇怪。有的人长久以来会形成一种固有的生活方式,而其他人对此看不惯,这便成了他的"短处"。

用不同的方式对待别人的短处,所产生的效果是截然不同的。避免谈及他人的短处,有助于与他人建立感情,创造融洽的交谈气氛;而谈论他人短处,最易刺伤他人的自尊心,打击他人的积极性,还会令他人生厌;不小心谈及他人的短处,虽无意刺伤他人,但很难想象他人会怎样理解你的用意和你的反应,因此容易引起别人的误解与不满。由此可见,我们在与他人的交谈中,应该避免谈论别人的短处。

我们仔细想想就会明白,我们所知道的关于别人的事情不一定可靠,也许别人还有许多事情非我们所详悉,若贸然将听到的片面之词散播出去,很容易造成对他人的不良影响。

社会上有一种人，专好推波助澜，把别人的是非编得有声有色。你虽不是这种人，但偶尔谈论别人的短处，也许就会在无意中为别人种下祸患，而它会达到何种程度，并非你所能预料。

因此，若我们不是确切地知道某件事情的真相，切忌张口。另外，当别人向我们谈起某人短处的时候，我们可采取的最好办法是听了便罢，不必将此记在心中，更不可做传声筒，而且还要提醒谈论者不要随便乱说。

任何一个人都可以成为敌人，也可以成为朋友，而多一些朋友总比四面树敌要好。把潜在的对手转化为自己的朋友，这才是最好的办法。

打人不打脸，骂人不揭短。言论自由的现代社会，人们一样也有忌讳心理，有自己与人交往所不能提及的"禁区"。在办公室中，那种当面揭短的话尤其不能说，否则不但会使同事之间的关系恶化，还可能造成更为严重的后果。

阿华的公司长期和一家外贸企业合作做生意，外贸公司的大胖子徐经理可以说是他们的财神爷。有一天在公司里，阿华极力劝说徐经理和他们扩大贸易范围，费了九牛二虎之力也没能说服徐经理。

徐经理刚一走，阿华就恼羞成怒地说："你们看徐胖子，出息不多，顾虑不少。"结果徐经理忘了拿包，正好返回来。虽然旁人不断给阿华使眼色，但他却越说越得意："他以为他是谁啊？往公司大门口一站，蚊子都只有侧着身子才能飞进来；他那条短裤，肯定是他老婆用两个米袋子改的……"阿华全然没注意到徐经理正在自己后面。

过了一会儿，阿华才发现人们都不笑了，一回头，恰好看到徐经理涨得发紫的脸。阿华当时的那种尴尬劲就甭提了。

旁人赶紧打圆场："阿华这个家伙，就是嘴巴讨厌。"阿华也急忙赔着笑脸道歉，说自己喜欢开玩笑。徐经理当时没吭一声就走了。

之后，虽然阿华多次请徐经理吃饭，想方设法赔礼道歉，但关系始终恢复不到以前的样子，合作生意也因此少了很多。

揭短有时是无意的,因为某种原因一不小心犯了对方的忌讳。但是总体来说,有心也好,无意也罢,在待人处世中揭人之短都会伤害对方的自尊,轻则影响双方的感情,重则导致人际关系紧张。

张小姐是某机关办公室文员,她性格内向,不太爱说话。可每当就某件事情征求她的意见时,她说出来的话总是很"刺",而且她的话总是在揭别人的短。

有一回,同一部门的同事穿了件新衣服,别人都称赞"漂亮"、"合适",可当问到张小姐感觉如何时,她直接回答说:"你身材太胖,不适合。"甚至还说,"这颜色真艳,只有街头早晨锻炼的老太太才会这样穿。"

这话一出口,便使得当事人很生气,而且周围大赞衣服如何如何好的人也很尴尬。

虽然有时张小姐也会为自己说出的话不招人喜欢而后悔,可她还是总说特让人接受不了的话。久而久之,同事们都把她排除在了团体之外,很少就某件事去征求她的意见。

尽管这样,如果偶然需要听听她的意见时,她还是会管不住自己,把别人最不爱听的话给说出来。

现在,公司里几乎没有人主动答理她,张小姐自然明白大家不答理她的原因。

我们常说"瘸子面前不说短,胖子面前不提肥,'东施'面前不言丑",对让人失意的事应尽量避而不谈。避讳不仅是处理人际关系的技巧问题,更是对待朋友的态度问题。尊重他人就是尊重自己。

每个人都有不足的地方,容许别人的不足,也是对自己的宽恕,因为世界上没有完人,包括你自己。

(1)不要以为随便揭别人的短,可以让自己显得更加高尚。错了,这么做只能说明自己没有道德。

(2)想借在上司面前揭同事的短来突出自己是极为危险的。

(3)如果你当面揭上司的短,那么就做好走人的准备吧。

3.不要见人就抱怨——你很可能会被出卖

前不久,小张抱怨说自己被同事出卖了。

他们两个是一同进的公司,工作表现也相差不多。面临严峻的经济形势,公司有裁员的打算。因为他们是好朋友,所以无话不谈。在一次吃饭的过程中,小张对自己的同事抱怨说:"最近人心惶惶,一点也没有工作的心思,所以我就上班玩游戏打发时间。"

可想而知,他的同事为了保住自己的饭碗,告发了小张。就在小张游戏玩得正酣时,老板站到了他的电脑面前。铁证如山,他无言以对,只能看着愤怒的老板离去,并且等待着被裁的消息。

有一个寓言故事是这样的——

森林里,狐狸垂涎刺猬的美味很久了,但刺猬的一身硬刺让它一点办法都没有。

刺猬和乌鸦是好朋友。一天,刺猬和乌鸦聊天,乌鸦说很美慕刺猬有这么好的铠甲,刺猬经不起乌鸦的吹捧,忍不住对乌鸦说:"我的铠甲也不是没有弱点。当我全身蜷起时,腹部还有个小眼不能完全蜷起。如果朝那个小眼吹气,我受不了痒,就会打开身体。这个秘密我只跟你说,千万要替我保密,要是传出去被狐狸知道了,那我就死定了。"

乌鸦信誓旦旦地说:"放心好了,你是我的好朋友,我怎么会出卖你呢?"

不久,乌鸦落在了狐狸的爪下。就在狐狸要吃乌鸦时,乌鸦想到了

刺猬的秘密,对狐狸说:"你放了我,我就告诉你刺猬的死穴。"

于是狐狸放了乌鸦,后果可想而知。

其实,真正出卖刺猬的是它自己。它生活在一个充满危险、弱肉强食的环境里,能保护它的只有一身硬刺。它却为逞一时口舌之快,把自己的破绽告诉了乌鸦。

这种事在现实生活中确实不少。同事之间的相处要把握好尺度,不要见了同事就抱怨,即使是关系非常要好的同事,相互发一些有关上司的牢骚,也是不明智的行为。同事之间应该是相互勉励、相互促进的关系。

在工作过程中,每个人考虑问题的角度和处理问题的方式存在着差异,对上司所作出的一些决定有看法,在心里有意见,甚至变为满腔的牢骚,这些都是难免的,但你不能到处宣泄。否则经过几个人的传话,即使你说的是事实也会变调变味,待上司听到时,便成了让他生气难堪的话,从而对你产生不好的看法。

同样,无论出于什么样的目的,涉及公司商业秘密的话都不要随便外传。这样的话说出去以后,一样会招来"杀身之祸"。

王刚大学毕业参加工作已经七八年了,工作没少干,成绩没少出,但就是职务不见长。为此,他曾有拔寨走人、另谋高就的想法。要不是处长几次做工作,他或许撑不到今天。

这次,局里拟提拔一名业务科副科长,王刚觉得就是轮也应该轮到自己了,加之处长多次拍胸脯打包票,说一定会尽全力做工作,确保王刚如愿,王刚更加觉得升职已经是水到渠成的事了。但谁能想到,这几天外面纷纷传闻,说王刚这次提拔又悬了。

处长其实也很纳闷。他想不通,为什么一把手局长会突然改变主意,对王刚的提职提出了异议。

"上次我让你找一下局长,你找了吗?"处长担心王刚没有把人情做到，盯着他问。

"我找了。在他办公室找的他，和他谈了有二十来分钟呢！"王刚应道。

"那你都说什么了？"处长追问。

王刚就把那天找局长时说过的话，大致复述了一遍。没等他说完，处长一只手用力拍了一下靠椅扶手，叫了一声："唉！我说呢，事情原来坏在你自己身上！"

原来，王刚按照处长的嘱咐，等了好几天才等到一个机会，借口送一份材料敲开了局长办公室的门。局长见王刚"越级"来访，心里也知道是何来意。于是随口问了王刚一句："你来了也好些年了，觉得怎么样啊？你们处长可是很欣赏你的，要好好干啊！"

照常理，有局长这句话起头，王刚只要顺竿爬两下，说几句诸如希望局长多栽培、多关照的话，甚至点明让局长在这次提干中重点考虑一下，也就把人情卖到了。

但没想到，王刚却顺着局长的话，在他面前大倒苦水，说自己这几年工作如何如何卖力、如何如何辛苦，不但有苦劳，而且有功劳，但就是得不到重用。说前几次提拔干部都与他失之交臂，对他的打击很大，甚至有了不想干的念头云云。

"你怎么能和领导说这些？这些牢骚，最多和我发发，哪能跑到局长面前说？你这样说，不明摆着说你受到不公的待遇吗？不明摆着说提拔你当副科长是应当应分的吗？你以为你是谁啊？"处长气不打一处来地数落着王刚。

王刚到底有没有错？错在哪里？

王刚的错误是他没有摆正自己的位置，不该在领导面前抱怨。

上级领导提拔下属，不见得都想得到什么回报，但起码也希望被提拔的人对自己心存感激，就是不对自己心存感激，也应该对组织心存感激。可是王刚一抱怨，事情的性质就变了。

王刚的话语表明，即使这次提拔了他，也是理所当然的，是他早应该得到的。也就是说，他不会因为这次提拔而对组织和局长有任何的感激之情。这在职场可是犯了大忌的。哪个领导会提拔一个认为自己早就应该被提拔的人呢？哪个领导会提拔一个对自己被提拔毫不感激的人呢？当然不会。所以，王刚理所应当地失去了这次机会。

不要见人就抱怨，只对有办法解决问题的人抱怨，是最重要的原则。

直接去找你可能见到的最有影响力的工作人员，然后心平气和地与之讨论。假使这个方案仍不管用，就将抱怨的强度提高，向更高层次的人抱怨。

即使找对了人，如果希望你的抱怨能达到目的，还要学会以下三个步骤。

首先，抱怨后要学会提建议。

1889年，柯达的创始人乔治·伊斯曼收到了一份普通工人的建议书，该建议书呼吁部门要将玻璃窗擦干净。这虽然是一件小到不能再小的事情，但伊斯曼却看出了其中的意义所在，他认为这是员工积极性的表现。于是立即公开表彰了这名工人，并发给了奖金，从此建立起了一个"柯达建议制度"。

柯达的每个员工都能取到建议表，丢入任何一个信箱，都能送到专职的"建议秘书"手中。专职秘书负责及时将建议送到有关部门审议、作出评价；建议者随时可以直接打电话询问建议的下落；公司设有专门委员会，负责审核、批准、发奖；对不采纳的建议，也要以口头或书面的方式提出理由。

其次，光提建议还不够，还要有解决的方案。

比尔·盖茨说："思考还要与实践相结合。"我们来看看工厂的小工是如何帮助自己的老板解决难题的：

故事发生在美国鞋业大王罗宾·维勒的工厂里。当时，罗宾的事业刚刚起步。为了在短时期内取得最好的效果，他组织了一个研究班子，制作了几种款式新颖的鞋子投放市场。结果订单纷至沓来，使得工厂生产根本忙不过来。

为了解决这个问题，工厂想办法招聘了一批生产鞋子的技工，但还是远远不能解决劳动力紧缺的问题。如果鞋子不能按期生产出来，工厂就不得不给客户一大笔钱作为赔偿。于是，罗宾召集大家开会研究对策。主管们讲了很多办法，但都行不通。这时候，一个年轻的小工举手要求发言。

"我认为，我们的根本问题不是要找更多的技工，其实不用这些技工也能解决问题。"

"为什么？"

"因为真正的问题是提高生产量，增加技工只是手段之一。"大多数人都觉得他的话不着边际，但罗宾却很重视，鼓励他讲下去。

他怯生生地提出："我们可以用机器来做鞋。"

这在当时可是从来没有过的事，立即引起了大家的哄堂大笑："孩子，用什么机器做鞋呀，你能制作出这样的机器吗？"

小工面红耳赤地坐下了，但他的话却触动了罗宾。罗宾说："这位小兄弟指出了我们的思想盲区：我们一直认为问题是人手不够，但这位小兄弟却让我们明白：真正的问题是提高效率。尽管他不会制造机器，但他的思路很重要。因此，我要奖励他500美元。"

于是，罗宾根据小工提出的思路，立即组织专家研究生产鞋子的机器。4个月后，机器生产出来了。从此，世界进入了机器生产鞋子的时代，罗宾也由此成为了美国著名的鞋业大王。

要说出自己的抱怨，要提建议，但是更要带着解决的方案去找老板，不管老板最后有没有采纳。

最后，要论证你方案的可行性。

中国"打工皇帝"唐骏当年还是微软公司的小程序员时，发现了

Windows在多语言开发模式上的错误。他同时还注意到,其实当时有很多人都发现了这个问题,甚至有不少人已经向经理提交了自己的书面解决方案。后来,唐骏才知道这些方案共有80多份。

唐骏曾经做过公司的老板,知道老板管只会抱怨的人叫"挑刺的人",这类人往往会让老板讨厌;而那些提出问题又能提出解决方案的人,老板会有好感,但却不会重用。

为什么?

道理很简单,你的办法是否可行?你有没有合理的论点和数据来论证方案的可行性?嘴巴上说说谁都会,但老板最信任的是,除了能做到前面两点,还要是能论证出方案可行性的人。

这个亲身体会和总结,成为了唐骏后来在微软职场上的生存法宝。

"与微软的其他员工相比,我在技术方面是最差的。我若在技术上与他们竞争,过许多年我也不过是个普普通通的员工,顶多当个高级工程师。因此,我的思路是避开同他们在技术方面的正面竞争,走差异化的竞争路线。我只有找到自己的核心竞争力所在,并把它发挥到极致,才有可能从上万人中脱颖而出。"唐骏当时是这么思考这个问题的。

既然仅提交书面方案效果甚微,唐骏就开始发挥自己的勤奋特长。他利用晚上和周末的时间将自己的开发模式进行实验论证,并得到了完全可行的结果。然后,唐骏写了一份书面报告,不仅提出了问题,也解决了问题,将自己编的程序都写进了报告中。

"Jun,你不是第一个提出这个问题的人,也不是第一个带来解决方案的人,但你是唯一一个对解决方案找到论证办法的人。"唐骏的直接上司这样评价他。

抱怨技巧——话到嘴边绕三圈

心绪烦躁的你终于决定将堵在心里很久的郁闷一吐为快，于是找来好朋友，迫不及待地要向他（她）诉衷肠：上司的刁难、同事的冷漠、世态的炎凉、人心的狡诈……诸多不满一齐涌现。

发泄并不是最终的目的，表达不满有很多方法，平常人惯用的发脾气显然并不适合以文明、庄重、遵纪为原则的职场人。从现在起，学点技巧，既能表达自己的不满，也能让同事或领导不会因此而对你产生不好的看法。

1.用无声的语言和幽默的态度来表达内心的不满

英国人表达不满的方法给了我们一个提示：用无声的语言和幽默的态度来表达内心的不满。

一家冰激凌店门口，一个小男孩正在用自己的方式表达着他对这个店的不满。他左手拿着的冰激凌盒子上写着3.6英镑，右手拿着的盒子上写着3.8英镑，小男孩的胸前还挂着一个大大的牌子，上面画了一个大大的"？"。

冰激凌店的工作人员和小男孩说了几句之后，一个经理模样的中年男人走了出来，满脸笑容地把一个玩具熊送给小男孩，嘴里还不停地说着"对不起"。小男孩就是用这种无声的方式抗议着该店在没有价格公示的情况下擅自提价，没有争吵也没有投诉，这样无声的抗议竟然达到了如此效果，让人惊讶和佩服。

这种无声的抗议对于职场人表达最初的不满还是很有效的。如果你的上司通情达理、懂得尊重你，那么用无声的语言或玩笑式的话语都能起到一定作用，而且这种表达方式也能更好地沟通感情，不至于以后双方会感到尴尬。

语言贵精不贵多，有时对某事物的不满，运用幽默的方式进行抱怨，才是聪明的做法。

举几个例子：

引人就范

为了使对方产生期待落空后的失落，就必须先让他期待。当他被引进你的语言圈套后，再表露你真正的意图，而这突然逆转的戏剧性，自然会产生出人意料的幽默效果。

一位顾客在啤酒摊上喝扎啤，他发现摊主每次倒扎啤时，不但杯里泡沫很多，而且不满。

喝完第二杯后，他笑着问摊主："你们这儿一星期能卖多少桶啤酒？""50桶！"摊主得意地回答。

"那么，"这个顾客有些神秘地说道，"我刚刚想出来一个使你销售量翻番的方法，这样你每星期就可以卖掉100桶啤酒了。"摊主一听，急忙问："您能告诉我是什么方法吗？"

"很简单！只要你将每个啤酒杯里的扎啤都装满就行了。"

拟人幽默

一位男士和朋友到公园游玩，看到有人骑马，一时兴起，也租了一匹马来骑。

可骑上不久，他就发现这是一匹还未完全驯化好的野马。果然，在经过一道篱笆时，野马突然把他摔了下去。

归还马匹时，朋友问他骑得怎么样，他看了一下站在一旁的马的主人，似笑非笑地说道："还不错，就是这匹马被主人驯化得太客气、太懂礼貌了，一看到有篱笆，它就让我先过去了。"

引东说西

一个小伙子带女朋友到一家日本料理店吃饭，吃着吃着，他满怀感慨地对女朋友说："早知道是这样的料理，前几天就应该带你来了。"端菜的老板听到了，十分得意地说："谢谢您的称赞，谢谢！"

小伙子说："我的意思是这生鱼片，如果前几天吃一定比较新鲜。"

名褒暗贬

一位顾客到一家理发店去理发，遇到的又是上回那位不太认真的理发师。

他灵机一动，好像很激动的样子，大声地说道："太好了，上次也是你给我理的发。"

这位顾客边说边竖起了大拇指："上次理得太棒了！"

理发师略感意外，但还是很高兴地说道："哦！谢谢！"

顾客这时凑近理发师，压低嗓音说道："好就好在我老婆不要我陪她逛街了。"

当然，如果公司有人事部，这些工作中的烦恼和不满是可以直接提出来的。通过HR（人力资源部）来表达能够更加委婉，而且也避免了你为一些鸡毛蒜皮的小事产生不满，更避免了让你直接去领导那里碰钉子。

如果事情真到了要和领导面对面说清楚的地步，那先和HR沟通，也会得到更专业、更科学的建议。毕竟，他们可能更擅长把握领导的心理，懂得用何种方式去处理这类冲突或问题。

不过，如果你的公司没有HR，事情也到了不得不解决的地步，那就该勇敢地走出去，就你的不满和领导交流一下。一个开明、公正的领导会在一定程度上理解你的不满，并且从他的角度给你一个合情合理的解释。

一般人，得到了领导的认可和解释后，对于事情就有了更多的角度，更多的理解和宽容，误会和不满也会就此消除。不过，员工和公司的利益之争是任何公司都存在的，公司也是按照员工的贡献和价值按

劳支付,而不是按照员工的需求支付工资。因此,员工在向公司讨要更多的薪水、更大的发展空间和更多的关注之前,也要先掂量掂量自己的贡献。

2.先赞美再抱怨——事半功倍

卡耐基在《人性的弱点》中写了一个他曾经历过的故事:一天,他去邮局寄挂号信,办事员服务质量很差,很不耐烦。当卡耐基把信件递给她称重时,他说:"真希望我也有你这样美丽的头发。"闻听此言,办事员惊讶地看了看卡耐基,接着脸上露出了微笑,服务变得热情多了。

某将军在战场上攻无不克、战无不胜,可谓英姿飒爽、出尽风头。当别人频频翘起大拇指称赞他"真是位了不起的军事家"时,他总是无动于衷,因为打胜仗对他来说是再平常不过的事了。而当有人看着他的胡须说"将军,您的胡须可真美,简直能与美髯公相媲美"时,将军却孩子般地笑了。

人与人相处,产生矛盾在所难免,夫妻也不例外。一旦有了纷争,即使认为自己一方在理,也要避免过分数落、指责。这时候,最好的方式是使用调侃、幽默的言语,浇灭对方的怒火,达到释疑解纷的效果。

有一妻子虚荣心重,当夫妻商量出席友人婚礼时,她缠着丈夫要买一顶昂贵的花帽。此时正值这对夫妻闹经济危机,丈夫自然不肯答应花这笔钱。

争吵中,妻子抱怨道:"人家小方和小刘的爱人多大方,早就给自己的夫人买了这种花帽,哪像你,小气鬼!"丈夫不愿争论,只是故意夸张地说:"可是,她俩有你这样漂亮吗?我敢说,她们若有你这样美,根本就不用买帽子打扮,是吗?"妻子一听丈夫的赞语,不觉转怒为笑,一场争吵也随之平息了。

人得到赞美，其喜悦心情固然无可比拟，但更重要的是赞美所产生的力量总是巨大的。它能够激发人的积极性和创造性，增强人们克服困难的勇气，甚至使人创造出种种奇迹。

有甲、乙两猎人，各猎得两只野兔。甲的女人看见冷冷地说："只打到了两只吗？"甲猎人心中不悦，"你以为很容易打到吗？"他心里如此埋怨着。第二天他故意空手回家，让女人知道打猎是不容易的事情。乙猎人则恰好相反。他的女人看见他带回了两只野兔，就欢天喜地地说："你竟打了两只吗？"乙听了心中喜悦，"两只算得了什么！"他高兴得有点骄傲地回答他的女人。第二天，他打回了4只！这就是赞美的魅力。

一个女孩迷上了小提琴，每天在家拉个不停，家里人不堪这种"锯床腿"的干扰，每每向小女孩求饶。女孩一气之下跑到了一处幽静的树林，独自奏完一曲。突然听到一位老妇的赞许声，老人继而说："我的耳朵聋了，什么也听不见，只是感觉你拉得不错！"于是，女孩每天清晨都来这里为老人拉琴。每奏完一曲，老人都会连声赞叹："谢谢，拉得真不错！"终于有一天，女孩的家人发现，女孩拉琴早已不是"锯床腿"了，便惊奇地问她是否有什么名师指点。这时，女孩才知道，树林中那位老妇是著名的器乐教授，而她的耳朵其实从未聋过！一个优秀的小提琴手就这样诞生了，是赞美给了她力量！

有一位美国的老妇人向史蒂夫·哈维推销保险。她带来了一份全年的哈维主编的杂志《希尔的黄金定律》，滔滔不绝地向他谈她读杂志的感受，赞誉他"所从事的，是今天世界上任何人都比不上的最美好的工作"。她迷人的谈话将主编迷惑了75分钟，直到访问的最后5分钟，才巧妙地介绍自己所推销的保险的长处。就这样，老妇人获得了指定购买的保险金额5倍的保险业务。

赞美是一门艺术，合理的赞美有6个前提条件：

（1）要有根有据，不能言不由衷或言过其实

赞美要有根有据，如果言不由衷或言过其实，对方就会怀疑赞美者

的真实目的。

清代的左宗棠平素喜欢牛,认为牛能任重致远,他甚至把自己看作牵牛星降世。他曾经在自己的后花园开凿水池,左右各列着一个石人,一个似牛郎,一个似织女,并且在旁边立着石牛,隐寓自负之意。

左宗棠身体肥胖、大腹便便,他曾经在茶余饭后捧着自己的肚子说:"将军不负腹,腹亦不负将军。"一天,他捧着自己的肚子问手下人:"你们知道我这腹中装的是什么东西吗?"有的说是满腹文章,有的说是满腹经纶,有的说腹中有十万甲兵,有的干脆说腹中包罗万象。左宗棠听了后连说:"否!否!"忽然有位小校出来大声说:"将军之腹,装满了马绊筋。"左宗棠听了拍案大加赞赏说:"是!是!"小校因此而受到提拔。

湖南人喊牛吃的草为"马绊筋"。小校的回答正是抓住了左宗棠的心境,与他的夙志相符,所以受到了左宗棠的赞赏。

(2)要雪中送炭,不要锦上添花

最有效的赞美不是"锦上添花",而是"雪中送炭"。最需要赞美的不是那些早已扬名天下的人,而是那些自卑感很强的人,尤其是那些被压抑、自信心不足或总受批评的人。他们一旦被人真诚地赞美,就有可能使尊严复苏,自尊心、自信心倍增,精神面貌也会从此焕然一新。

在19世纪初期,伦敦有个年轻人想当作家。但他好像什么事都不顺利。他几乎有4年的时间没上学;他的父亲因无法偿还债务而被迫入狱;而这个年轻人还时常遭受饥饿之苦。最后,他找到了一份工作,在一个老鼠横行的货仓里贴鞋油底的标签,晚上在一间阴森寂静的房子里,和另外两个男孩一起睡。就在这个货仓里,他写稿寄出去,可是稿件却一个接一个地被退回,但有一位编辑承认并夸奖了他。由于这句夸奖,他受到了极大的激励。这个男孩的名字叫查尔斯·狄更斯。

假如不是那位编辑的夸奖,狄更斯很可能永远都成不了作家,更不用说成为世界著名作家了。这就是妙语激励的神奇效果。

(3)内容要具体,不能含糊其辞

赞美要具体,不能含糊其辞。含糊其辞的赞美可能会使对方混乱、窘迫,甚至紧张。赞美越具体,越能说明你对他的了解,有利于拉近你们之间的关系。

克莱斯勒公司为罗斯福总统专门制造了一辆汽车,因为他下肢瘫痪,不能使用普通的小汽车。工程师把汽车送到了白宫,总统立刻对它表现出了极大的兴趣。他说:"我觉得不可思议,你只要按一下按钮,车子就开起来了,驾驶毫不费力,真妙。"他的朋友和同事们也在一旁欣赏汽车。总统当着大家的面夸奖:"我真感谢你们花费时间和精力研制了这辆车,这是件了不起的事。"总统接着欣赏了散热器、特制后视镜、钟、车灯等,换句话说,他注意并提到了每一个细节,他知道工人为这些细节花费了不少心思。总统坚持让他的夫人、劳工部长和他的秘书注意这些装置。

这种具体化的赞美让人感觉到了真心实意。

(4)要恰如其分,不能掺一点水分

恰如其分就是避免空泛、含混、夸大,而要具体、确切。赞美不一定非要是一件大事不可,即使是别人一个很小的优点或长处,只要能给予恰如其分的赞美,同样能收到好的效果。

一次会议上,处长在总结工作时提到发表文章比较多的小杨时表扬道:"小杨同志肯动脑子、好钻研,近来成果很多,发表了7篇文章,其他年轻同志要向他学习,搞些成果出来。"话音未落,就有一个年轻的部下插话说:"水平不能以文章来定,文章的好差不能以发表的数量来定。发表文章多并不一定表明水平高,那有可能是文字垃圾多。有的人一辈子就发表一篇或几篇文章,影响却大,难道说他们的水平低吗?"处长被

问得瞠目结舌，不得不解释一番，结果弄得大家扫兴而归。

这个处长的尴尬不在于他没有根据，而是有据却无理。他的表扬经不起推敲，有水分、太夸张，所以其他人心里不痛快，把他的赞美给堵了回去。

(5)要把握时机，不要拖延

赞美别人要善于把握时机，因为赏不逾时。一旦发现别人有值得赞美的地方，就要马上发掘出表扬的道理当众表扬他，不要拖拉，也不必积累到一起再找时机表扬。事实就是这样，当其他人看到某人的成绩或优点时，可能就会萌发嫉妒心，为寻求心理平衡可能会攻击或者找到攻击别人的理由，所以赞美"留到以后再说"，难度可能更大。

有一次，曾国藩召集诸将议论军务，他先发言道："诸位都知道，洪秀全是从长江上游东下而占据江宁的，现湖北、江西均为我收复，江宁之上，仅存皖省，若皖省克复，江宁则早晚必成孤城。"此时，一向沉默寡言的李续宾从曾国藩的话中意识到了下一步的用兵重点，就试探着插话问道："大帅的意思是要进兵安徽？""对！"曾国藩见李续宾听出了自己话中的真意，便以赏识的口气说，"续宾说得不错，看来你平日对此已有思考。为将者，踏营攻寨算路程等尚在其次，重要的是胸有全局、规划宏远，这才是大将之才。续宾在这点上，比诸位要略胜一筹。"其他将领也连连点头，认为曾国藩说得不错。

曾国藩是很善于赞扬别人的，他听完李续宾的发问后，便立即抓住时机，准确及时地大力赞扬。这在李续宾听来无疑是增强自信心；在其他人听来，也仿佛接受了一次教导。一次准确及时的赞扬，能在两方面收获好的结果。

(6)要真心诚意，不能虚伪

有的人在赞扬别人时，只想着树立自己个人的威信，收买人心，实际上并没有表现出欣赏的诚意。无论是对被表扬者，还是对其他人，这样的赞美根本不起作用。所以，赞美要表现出真心诚意。

北魏太武帝拓跋焘欣赏崔浩的才能，聘他为顾问，并鼓励他集思广益、勇于进谏。在一次宫廷酒宴上，太武帝对着群臣发自内心地称赞身边的崔浩说："你们看他纤瘦懦弱，手不弯弓持矛，但他胸中所怀的却远远超过甲兵之勇。朕开始时虽有征讨之意，但思虑犹豫不能决断，最后克敌制胜，都是他引导我走到今天这一步的。"话中充满诚意。

富兰克林说："诚实是最好的政策。"聪明的领导在表扬下属时，最好的方法就是表现出真诚。太武帝对崔浩的赞美没有半点虚伪，坦诚之情历历可见。

3.长话要会短说——一次只抱怨一件事

戴尔·卡耐基夫人说过："没有人会故意让人讨厌。"同时她还强调，"往坏处想一想，你我很可能就是此类人，而自己却浑然不知。"

令人讨厌的人，说话语速常常快且健谈，抱怨起来没完没了，一句接着一句，一段接着一段，尽其所能，连气都不喘。听者自然也没有了喘气之机，好像面对着一条泛滥的河流，总也望不到尽头。如果换做你是听者，你能受得了这样的谈话吗？

抓住要点，长话短说，才是赢得听众喜欢的一件法宝，也是一种说话的谋略。

德国著名诗人和戏剧家贝托尔特·布莱希特也讨厌那些冗长、单调而又没有多大效果的会议。

一次，有人请他参加一个作家的聚会，并让他致开幕词。布莱希特

公务缠身,不便参加,便委婉地拒绝了。哪知,举办人并不罢休,他们想尽一切办法,直至布莱希特无可奈何地答应为止。

开会那天,布莱希特准时到会,悄悄地坐在了最后一排。主办人看到后,把他请到了主席台就座。一开始,主办人讲了一通很长却没有什么实际内容的贺词,向到会者表示欢迎,然后,高声激动地宣布:

"现在,有请布莱希特先生为我们这次大会致开幕词。"

布莱希特站了起来,快步走向演讲的桌子前。到会的记者们赶紧掏出笔和小本子,照相机也咔嚓、咔嚓响个不停。不过,布莱希特却让某些人失望了,因为他只讲了一句话:"会议开始。"

长话短说才是说话交谈中的最佳方法。在谈话时,最重要的是说出你要谈论的主题,其余的客套话尽量少说或不说,这样你的听众才不会感到心烦意乱。如果讲话者好为人师,总是告诉你这样做、那样做,而且酷爱唠叨,相信你一定不会认为他是个出色的讲话者。

当然,长话短说也须针对特定的对象。假如对方跟你并不是很熟悉,而你一上来就直奔主题,势必会让人感到唐突,效果也不会达到最佳状态。

一般说来,针对那些跟自己关系比较近的人,或者是在一些比较正式的场合,如商业谈判、会场、作报告演讲等,如果能做到抓住要点、一针见血,没有那么多冗长的废话,就一定会很快吸引听众,使他们迅速地进入主题;而一味长篇大论,结果肯定会不得要领、招人厌烦。下面是一位老板的心得体会:

"有很长一段时间,我常为团队的'笨'而感到困扰。我交代的事,常常不能如期完成;许多事,我经常一讲再讲,还是有人会犯同样的错,最后我不得不抓着他们的手,一步一步追踪,才能勉强完成。因此,我总是抱怨连连,怎么会找到这样一群人呢?

"直到有一次,我遇到了一个知名企业的高层主管。谈起他的老板怎么要求他们时,他说他的老板意志非常坚定,想要做的事一定要做到。但老板有一个优点，就是'一次只要求一件事'，想做产品时，只谈产品，反复谈，反复要求，方向明确，一直到确定大家都知道怎么做，并能如期按照他的要求完成时，他才会放手，然后再要求下一件事。因此，他们能完全按照老板的进度，一步步完成公司的目标。

"听完这些话，我宛如受到当头棒喝。原来不是我的团队'笨'，而是我急切地想完成所有的事，经常同时交代太多的事，设定太多的目标，凡事匆忙，以致所有的人都随着我复杂的指令团团转，最后一件事也没做好。

"后来，我开始尝试'一次只说一件事，一次只要求一件事'。刚开始，我还是难免会急切地把两三件事情归纳成一件事，以加快进度，但效果不佳。后来，我不得不耐着性子再拆解成更细、更单纯的'一件事'，这下，效果就变好了。团队慢，但跟得上我的脚步，我的要求也逐渐得到了贯彻。"

"一次只说一件事"，用在训练人时效果尤其显著。当目标明确、流程简单时，就算是新人，往往也很容易达到你的要求。部属每完成一件事时，都会给予正面、明确的肯定，这是对所有工作者重要的激励要素。当他们可以一件件完成工作、一步步学习各种技巧时，组织和团队的默契也就慢慢形成了。

对他人的抱怨作出反击

如果有人直接对你进行抱怨，你应该怎么做呢？那些用习惯性抱怨用语责备别人的人在面对你的正当反击时是很脆弱的，因为他们的话过于概括、带有歧视性并且草率。

我们来看一下在对付这些过度抱怨的论调时，你能够采用的办法。

如何对付过度抱怨取决于抱怨你的人（你并不想与一个矛头对准你并对你进行抱怨的人发生争吵）。如果你选择通过表达你的意见来予以回击，那么下面有一些可供你参考的技巧。

1.对习惯性抱怨的合理反应

大多数人在听到用刺耳的语气说的"这是你干的好事"这句话时，可能都会退缩。这种语气和这句话会把人置于低人一等和应受谴责的境地。像习惯性抱怨用语一样，一个人的语气和肢体表达也能传递出明显的带否定意味的信息。

怒气冲冲地说出的习惯性抱怨用语会加重抱怨的程度，像"啧"这样的表达，传递了温和但仍带有明显谴责意味的信息。我们还听到过这样的谴责语气，它附和着说教者老练的、自以为高人一等的语气。

典型的谴责信息常常通过身体语言表达出来。有些人耸耸肩膀、轻蔑地讥笑、紧皱着眉头、眼睛不停地转动、交叉着双臂、露出厌恶的眼神、避开别人，或者通过其他一些幼稚表现，诸如添油加醋地模仿和夸大他人的表述、声音、反应或面部表情来嘲笑他人。

对某人的非语言性抱怨行为有助于引起他(她)的注意吗？"你耸肩膀是不是想表明什么观点呢？""你皱起眉头又睁大眼睛，是想说什么吗？"但是，当你唤起别人对非语言提示的注意时，某些人将会产生戒心。

你对于非语言抱怨提示的反应取决于你的能力、人际关系的好坏以及自己的心理状况。如果你镇定自若、毫不慌乱、自我感觉良好，并且能婉转地回答问题，结果很可能就会不同于那些唾沫横飞、满腔怒火的人。

当碰上一个正在气势汹汹抱怨你的人，而你又感到要对自己负责并准备作出建设性的回答时，不要选择普遍流行的理由。习惯于过分抱怨的人通常是不会听这些理由的。尽管如此，你还有多种选择：你可以保持沉默；你可以确定什么是你同意的或是不同意的；或者你可以清楚明白地说明一下你与他人不同的观点。

直接阐明观点："你的目的是想让我感觉你是个可怕的人吗？"（如果是，为什么？如果不是，为什么要这样做？）

重新调整重点："如果我们有问题要解决，说'我拿不定主意'能使问题得到解决吗？"

情绪反馈：你还可以提出情绪反馈，比如，"当我听到你叫我'白痴'的时候，我感到很沮丧。"（注意：沮丧只是一个例子，也可能还有其他的情绪。）

寻求同情的回答："如果你是我，当有人错误地认为你很愚蠢的时候，你会作何反应？"（如果不用轻松的、注重事实的语气，问这个问题可能会被别人当成浮夸或遭到挖苦。）

直接声明："我无法告诉你应该做什么或不应该做什么，但你的评价会使我_____（请你填空）。"

……

这些例子表明了缓和断言式抱怨或责备的方法。不过，有关如何回答惯性抱怨用语的例子都包含着判断和风险。在人际关系的领域里，即使考虑得最周到的回答，都可能会产生意想不到的结果。

应该用一种充满抱怨口吻的抱怨去反驳另一个抱怨吗？这样做通常是没用的。

例如，"你母亲就是这样教你跟别人说话的吗？"这只会使冲突升级。

没有公式适用于所有充满怒气的抱怨。然而，你懂得越多，就能准备得越好，就能用正确的和自我肯定的方式来沟通。

你也可以单刀直入，从以下几个方面进行提问，转换对方的抱怨情绪。

(1)我知道你的意思了。这个事情的现状是什么样子的？

(2)那么,下一步这个事情要做到什么程度?

(3)你觉得现实与目标的差距是多少?

(4)你说的很对,为了弥补这个差距,你打算做哪些事情?

(5)如果按你的意思做,对这个目标的达成,好处是什么?坏处是什么?

(6)你还有什么顾虑吗?如果顾虑排除,你决定从哪一个步骤开始?

(7)你需要我提供什么帮助?

(8)我们下次沟通在什么时候?

2.用沟通解决冲突,用表达抑制抱怨

内心的感想影响外在的表达。在你仔细聆听了自己内心的声音,并真正了解了自己的感想后,你会逐步认识到这些想法是如何影响你的情感和行为的。

当你的表达十分消极的时候,你的感受也一定很糟糕。要想积极地改变自己的感想和表达,你需要采取具体、负责的行动来提高自己的容忍能力、接受能力以及社会能力。这是一个用来替代抱怨的有效的方式——用沟通来解决冲突。

我们对这个世界有自己的想法,这并不是一个新的观念。早在18世纪,著名的哲学家乔治·伯克利就曾正确地指出,我们的观念和感想是没有止境的,而这些观念和感想只是我们的头脑、精神和自我的一部分。伯克利在这里所指的内在的感想,是通过一些可视的信息获得的,如我们的语言、手势、表情、眼泪、笑容等。

表达是通过各种行为来实现的,它包含各种各样的行为,如说话、做手势、提醒、劝说、拥抱、问候或寻找等。我们的表达能够影响公众对我们的看法,这是无法逃避的现实。人们有不同的表达方式,如好斗、傲慢、上进、懦弱和喜欢抱怨别人等。尽管这些不同的社会表现类型有其

显著的特点,但是在阐释人们对这些事情有何感觉和反应的问题上,它们只能触及到表面。

我们的表达通常与我们的个性、情感和信仰相协调,同时,我们的表达也会影响社会对我们的看法。因此,我们很容易就会发现我们的自我感觉、社会地位和控制意识与我们表达的事物之间的关系是何等密切。正是因为这个原因,为了为自己塑造一个被社会所喜欢的公众形象,一些人会采取“安全”路线,避免任何形式的反对意见,即使是普通的或必要的反对。

情感的表达

我们的情感与我们对现实的感觉密切联系着。因此,表达的部分过程应包括理解并相信你的自然感觉。比如,如果你感到舒适或生病了,那么你或许有一个值得探究的原因。另外,明确的表达也包括辨认和克服那些由错误的想法所引起的错觉。

表达的有效性在很大程度上取决于我们的情感状态。当我们感到自然、自信或高兴的时候,我们可能会给别人留下非常美好的印象;但是,当我们感到疑惑或困惑的时候,我们就很难在别人面前尽显自己的魅力,相反,我们还可能会给他人留下不好的印象。

感觉是体验的一部分。像“你还记得我的生日,我感到很高兴”这样的表达,将有助于我们以一种积极的方式和他人进行交谈。“我感到……”这种表达方式在很多情况下都能够避免发生不必要的冲突。

比如,一个朋友忘记了你的生日,你对他说:“在生日那天没有收到你的贺卡,我感到很伤心。”这是一种直接的表达方式,它不仅能够使对方感到内疚,而且还能有效地避免冲突的发生。然而,在某些时候,即使是最温和的表达也有可能激怒对方。

像“我感到……”或“我认为……”这样的表达方式能够更好地克服抱怨和冲突现象的发生。对与信任有关的事情进行抱怨时,要试着给他人解释的机会;而对一些必然会发生的事情进行抱怨,则难免会引起冲突。

提升沟通的水平

有人触摸一下你的胳膊,表明他们对你很关心;一些人在听你讲话时抚摸自己的下巴,表明他们正在思考。在表达自己态度的方式上,一些人会使用形体语言,或用别人说过的话。有时会用到双关语,例如在表达一些不太正派的意思时,人们会说一些一语双关的话。

当一条信息有更深层的含义时,间接沟通就会出现。间接沟通通常都隐藏着一些间接的抱怨问题。比如,当母亲问自己的孩子:"你的外套呢?"其中就隐藏着某种抱怨。事实上,她知道外套在哪里,其真正目的在于责备自己的孩子没有穿外套。"你为什么不在适当的时候打电话?"这也是一个带有责备含义的问题,其真正目的在于责备对方,让他或她为自己的错误承担责任。

间接沟通代表着一种有趣的挑战。你想用间接沟通回应间接沟通吗?当对方与你进行间接沟通,而你也希望以同样的方式回应对方时,你就可以说:"我不清楚你的意思。"当然还有很多种别的回答,需要你根据具体情况进行不同的回答。

用心聆听,同时积极思考

我们怎样才能搭建起沟通之桥?要想回答这个问题,首先要弄清楚下面这个问题,即我们怎样才能更好地感受和理解别人讲话的意思?如果你在听对方讲话时能够积极地思考问题,那么你将能找出答案的一部分。

听他人讲话时,通过积极的思考,人们能够更好地鉴别、澄清和确定对方的意思,从而更好地与他人沟通。这种方法在以下这些情况中是十分有价值的:

(1)当你向对方传达"你已经听懂了"这个信息时;

(2)当你想弄清楚一些细微之处时;

(3)当你想领会一个复杂的信息时;

(4)当你想弄清楚一个含混的信息时;

(5)当你想验证一下自己对一个模糊信息的理解是否正确时。

在听对方讲话时积极地思考,能够更加清楚地了解对方的想法。通常情况下,你可以清楚地向对方表达自己的意思,因为你能够更好地把双方的观点联系在一起。然而,如果你不积极思考,积极致力于理解对方的意思,找出其夸大的叙述,以及发现沟通中所缺少的信息,那么沟通就可能出现偏差。

在对方讲话时积极思考并不是要求你始终保持"沉默",你还要经常地和对方进行交谈,以便更好地阐明和理解问题。这个过程将有助于你更好地了解对方的意思、爱好、心愿、期望、立场、态度以及行为,等等。在这个过程中,要尽量避免使用怀疑的语气、消极的形体语言以及敏感的抱怨方式,因为这些表达方式会在较短时间内破坏双方的交谈。

通常情况下,在运用该方式时,你要采取以下这个框架:首先是搜集事实,然后再运用这些信息推断出对方及其信息的大体意思。有时,一些人喜欢采取与以上框架根本不同的另一种框架,即运用自己的猜测预先推断出对方信息的意思。尽管人们过去的行为方式可以当作其现在和未来行为方式的参照物,但是大多数人都不喜欢事先被别人归类。而预先判断会导致对方感觉自己已经事先被归了类。

3.勇于承担责任,及时道歉

我们有情绪时,通常会把责任推给对方:"我发这么大的火,还不是因为你如此不讲道理。"

其实,当我们认为对方情绪化、不讲理时,对方也是这么看我们的。我们一般都会认为自己更讲道理、脾气更温和,也往往能理解、同情自己的观点和行为,并且有理由解释自己的情绪。对我们来说,自己的情绪和行为都是情有可原的,别人的行为和感情往往是不理性的。

我们往往认识不到,在某种程度上,对方的情绪与我们有关。我们常把情绪归结为性格所致:"别理他,他就是个火药罐子。"言下之意,我

们只能袖手旁观,等他冷静下来方可改善双方的关系。

　　如果认识不到我们可能在一定程度上造成了对方的过激反应,那么,我们的所作所为将可能会使情况变得更糟。有这样一个例子:一位房客向房东写了三封信抱怨屋顶漏雨,但都石沉大海,因此她决定亲自去见房东。因为她怒气冲冲而去,难免一开始就大喊大叫。房东索性不理她,说如果她不冷静下来,他们之间就没什么可谈的。这下房客更加生气了,因为她发火本来就是因为房东对她不理不睬。假如房东说:"我理解你为什么这么生气,很抱歉没有及时处理这件事。请坐,告诉我到底是怎么一回事。"房客可能会变得心平气和一些。

　　我们应当对自己的感情和感情的表达方式负责,以及对别人的情绪造成的影响负责。因为只有这样,我们才能更好地化解情绪的冲动,理性地面对问题。如果我们情绪失控或激怒了对方,来一番道歉是很有帮助的。道歉表示对自己的行为负责,不管话说得是否充分,都表明了对对方的关切。如此一来,对方也会采取同样负责的态度,从而将双方关系拉回正轨。

　　我们常常将道歉看成是理亏,觉得自己没做亏心事,就不愿意道歉。其实不管是有意还是无心,如果我们的行为产生了严重后果,表示一下歉意是必需的。不要为自己开脱,应当请求对方宽恕。不要说"我很忙",而应当解释一下:"恐怕我的心思不在这里,对不起。"同样,不要说"不是我的错",应当说:"我理解你发火的原因。这件事我也有部分责任,我很抱歉。"

　　我们都应该勇于面对自己的情绪,并对自己的情绪负责。否则,这些情绪就会像火山一样,总有一天会爆发。到那时,将会对人际关系造成严重的危害。

　　在情绪上来之前要有所准备。情感因素能够破坏理智思考的部分原因是我们事先没有预料到,思想上没有准备,因此往往被弄得措手不及。有的律师认识到了这个问题,所以在受理离婚诉讼之前会花时间同当事人一起讨论可能发生的情况,并预测他的感受。如果律师预见到某个问题会使当事人发火或不安，他可能就会建议当事人如何来回应或索性不予理睬。这种事前准备不仅能使当事人学会如何面对情绪激动，当事人有备而来，在法庭上就不会惊慌失措、手忙脚乱。

延伸阅读：学会说话，让抱怨能达到效果

抱怨无可避免的时候，我们至少可以注意一下自己抱怨时的语言。

如果你想要抱怨达到目的，那就学着把每句话都说得妥妥帖帖，把每句话都说到人的心坎里，引发对方的共鸣。

1.用幽默表达不满

相传，古烈治是一位西方国家元首。一日，他偕夫人科尼基参观一家养鸡舍，夫人问主人："公鸡多长时间对母鸡尽一次丈夫的职责？"答："时时尽责，一天十多次。"夫人说："请转告总统。"总统听罢问："每次都在同一母鸡上尽责吗？"答："次次更换伴侣。"总统说："请把结论转告夫人。"

这一效应在任何哺乳动物身上都被实验证明了。人为高等动物，不可避免地残留着这一效应的痕迹。但人有良知、有道德，这些东西使人最终脱离了动物界。古烈治的夫人幽默地表达了自己对丈夫的不满，而古烈治也同样以幽默重申了自己的主张。我们不可学习古烈治的行为，但应该学习他幽默的谈吐。

有两个卖保险的女士发生了争执，都夸耀自己公司在支付保险金上的速度快。第一位说她的公司肯定能在事故发生当天就将保险金送到投保人手里；而另一位则说："那根本就不算快。我们公司在大楼的第三十层，如果有一天一位投保人从五十层楼跳下来，当他经过三十层时，我们就能将保险金从窗口交给他。"

在社交活动中，不论你只是普通一员，还是身居要职，善于运用幽默的力量，总能让自己获益匪浅。不仅要善于幽默地调侃他人，也要能接受他人的幽默调侃，如此才能赢得友谊，成功建立社交关系，从而在

社交活动中游刃有余,赢得成功。

幽默是非常可贵的,特别是在气氛非常紧张和严肃的场合。一个适当的幽默可以松弛紧张的气氛,好比打开了一道闸门,压力就此倾泄而出,换来的是融洽的氛围。幽默是社会活动的必备品,是活跃社交场合气氛的最佳"调料"。会说话的人会巧妙地用幽默轻轻拂去可能飘来的一丝不快,改变人们的心情和处境,建构起特有的幽默氛围,自然得体地摆脱自己遇到的尴尬场景。你可以对自己或自己的小弱点来一点幽默,好像自我打趣似的,这样不会触犯到别人。相互攻击有时也可以很风趣,但初学者最好避免使用。

在社交中,人们希望出现令人愉悦的场面,而能够制造欢乐气氛的人通常更受欢迎。以下方法可帮助你成为社交场上的活跃人物。

(1)调侃对方

社交中,心无戒备、偏见,不带恶意的调侃,会使朋友、同事更加无拘无束。诙谐、调侃中的"君子风度",最能活跃气氛。经验证明,朋友间也是如此,若心无芥蒂、毫无隔阂,开句玩笑、贬低一下对方,并不是坏事,反倒显得亲密无间。彼此毕恭毕敬未必就没有矛盾,而平日吵吵闹闹的夫妻可能反而更亲热。

(2)夸张赞美

这种方法会把人抬得极高,但没有虚伪、奉承之嫌的介绍,会立即使整个气氛变得异常活跃。

老朋友、新同事见面后,不免介绍寒暄一番,这是个极好的活跃气氛的机会。借此发表一番"外交辞令",把每个人的才能、成就、天赋、地位、特长等作一番夸张的炫耀与渲染,可使朋友们感到自己深深地为你所了解、所倾慕。尤其是利用这种方式把朋友推荐给第三者,谁也不会去计较其真实性,但你却张扬了朋友们最喜欢被张扬的内容。

(3)搞恶作剧

恶作剧具有出人意料的效果,它源于幽默,能引起欢笑。有分寸地恶作剧并不是坏事,双方自由自在地嬉戏,超脱习惯、道德、远离规则的

界限，享受不受束缚的"自由"和解除规则的"轻松"，是极为惬意的乐事。人们在捧腹大笑之余，也会深深地感谢那个聪明的快乐制造者。

(4)寓庄于谐

在社交中，你不需要总是过于庄重，自始至终保持庄重气氛会显得紧张。寓庄于谐的交谈方式比较自由，在许多场合都可以使用。用风趣、诙谐的语言，同样可以表达较重要的内容。

(5)激发共鸣

朋友、同事相聚，最忌一个人唱独角戏，大家当听众。成功的社交应是众人畅所欲言，各自表现出最佳的才能，作出最精彩的表演。为达到这一目的，就必须寻找能引起大家最广泛共鸣的话题。有共同的感受，彼此间才可各抒己见，仁者见仁，智者见智，气氛才会热烈。所以，你若是社交活动的主持人，一定要把活动的内容同参加者的好恶、最关心的话题、最擅长的拿手好戏等因素联系起来，以免出现冷场的尴尬。

(6)贬抑自己

懂得运用自我贬低、自我解嘲战术的人是高明的，老练而自信的人往往会采取这种方式。贬抑会收到欲扬先抑、欲擒故纵的效果，众人将在哄笑声中重新把你抬得很高。自我贬抑既可活跃气氛，又能博得他人好感。

(7)制造漏洞

漏洞是悬念，是"包袱"，制造它，会使人格外关注你的所作所为，并集中精力、全神贯注地听你说话。待你抖开"包袱"之后，人们见是一场虚惊，都会付之一笑。

(8)提出荒谬的问题并巧妙应答

生活中，总是一本正经的人会给人古板、单调、乏味的感觉。交谈中，不时穿插一些朋友们意想不到的、貌似荒谬而实则极有意义的问题，是一种很好的活跃气氛的方法。也许会有人时常问你一些荒谬的问题，如果你直斥对方荒谬，或不屑一顾，不仅会破坏交谈气氛、人际关系，还会被人认为缺乏幽默感。

学会提出引人发笑的荒谬问题并能巧妙应答，有助于良好社交气氛的形成。

2.肚子里有"货"，说出来的话才有说服力

如果你有一桶水，那么给别人一杯是一件再简单不过的事情；而如果你的桶里没水，又怎么能给别人呢？说话也是一样。首先你要有知识、有内涵，才有可能说出精彩绝伦的话。说话虽然需要一定的技巧，但也与一个人掌握知识的多少有着密切的关系，正所谓"腹有诗书气自华"，知识面不够宽，就算口才再好，技巧掌握得再多，也是无法说服别人的。

当年，诸葛亮在隆中闭门苦读，一出山后便有舌战群儒之功，恐怕当年的诸葛亮并不曾专门去学习如何辩论，所依靠的正是他数十年的苦读。

缜密的思维、幽默机智的应答、准确的表达，这一切无疑都来源于头脑中的广博知识。那种不着边际、没有什么实际意义的夸夸其谈不是好口才。只有有内涵的人才能口吐莲花、妙语连珠、倾倒众人。

那么，如何提升自己的内涵呢？有内涵，就是要有底蕴，底蕴是靠文化修养得来的，最好能上通天文、下晓地理，知识面越宽越好。具体来讲，应该从以下几个方面多下工夫：

(1)紧跟时尚，把握时代的脉搏

穿着时尚总能给人以美感，而如果一个人穿着时尚，嘴里说的却是上个世纪的词语和话题，那就只能被人称为"土老帽"了。所以，不仅要在服装上做时尚的代言人，也要让自己的知识随时更新，紧紧跟随时代发展的脉搏。

(2)多看报纸、新闻

爱看报纸和新闻的似乎多是男性，女性其实也不能脱离那些好像跟自己没有关系的政治大事。你不能成为一个"一心只知家里事，两耳不闻窗外事"的人，除非你不说话，否则你一开口，别人就能发现你的肤浅。

(3)关注生活，加强生活积累

很多人在和别人谈话的时候，别人都不爱听，那是因为他缺乏生活

的积累，说的都是一些不着边际的话。所以，要想有好口才，多加强生活积累显然也很重要。知识、阅历、情感、生活等都能丰富一个人的内心，这些"养分"是源泉，透过一根根血脉、一条条经络浸润和提升着你的品位和内涵。

3.礼貌是一个人的名片

无论一个人在社会上扮演什么样的角色，礼貌一直都是维持人际关系不断互动的规则。

礼貌，看似小事，却直接影响着你的形象以及别人对你的态度。可以说，"礼貌是与人共处的金钥匙"，是容易做到的事，也是最珍贵的东西。说话有礼貌的人总是更受人欢迎。

找人办事得有个找人办事的样子，要表现得谦卑有礼，别人才会愿意帮助你。有位名人说："生活中最重要的是有礼貌，它比最高的智慧、比一切学识都重要。"一个习惯于出言不逊的人，自然不会得到别人的喜欢。所以，我们在日常交往中一定要注意礼貌待人，以下几点需要注意：

(1)不说粗话

一直以来，我们都被要求在说话的时候一定要文雅，不能说粗话。但是现代的一些新新人类，为了追求新潮或者酷，在人格特质和行为上都喜欢效仿一些电影，于是就出现了大量伶牙俐齿、牙尖嘴利的粗口一族。一个受过教育、有涵养的人，如果讲出粗话，就像一件天鹅绒的晚礼服上被酒鬼吐上了呕吐物一样，让人很难受。

(2)不要用鼻音词来表达意见

不要用"嗯"、"喔"等鼻子发出的声音来表达个人意见的同意与否，这些音调虽然不是粗话，却会令谈话者有一种不受重视的感觉。

(3)有教养

说话有分寸、讲礼节，词语雅致，内容富于学识，是言语有教养的表现。另外，有教养的人懂得尊重和谅解别人，在别人确实有了缺点时委婉而善意地指出。知礼而后知轻重，在为人处世、待人接物上，有礼貌的人秉持"礼"性所表现出来的风范，可以用"君子"来形容。

第三章

抱 怨 效 应

——职场中如何学会"有效抱怨"

天天早起晚归,忙得团团转;领工资的时候,发现上面的数字少得可怜;专心工作时,隔壁在大声讲电话;明明自己工作内容已经够多了,老板还在"加量不加价"……职场的无奈永远那么多,伴随而来的,则是无尽的抱怨——抱怨工作太辛苦、太累;抱怨自己的付出与收入不成正比;抱怨让人烦心的工作环境和同事;抱怨老板太变态……总之,看什么不顺眼就抱怨什么。

然而,同样是抱怨,掌握不同技巧而发出的抱怨却会带来不同效果。

经济社会,什么都讲究"有效",抱怨也是一样。

抱怨是人的天性,是一种排泄情绪的方式。当遇到周围的人或事与自身利益存在冲突时,抱怨就成了最简单的发泄方法。即使是没有利益关系的冲突,只是纯粹地看不惯某些人某些事,抱怨也会"随口而来"。发泄自己的不满情绪,表达自己的观点与意见,这是抱怨的中心含义。

很多时候,很多场合,人们习惯于用抱怨的方式来发泄,尤其是遇到挫折或是困难时。有的人抱怨是为了让人正视自己,改善自己的待遇;有的人抱怨则是纯粹要嘴皮子,为了抱怨而抱怨。

不管是哪种抱怨,抱怨者的心态都是一致的,即希望自己被注意到。

只不过,有人成功了,有人却失败了,更惨一点的是被踢出局。

抱怨是一门不小的学问。你需要懂点"抱怨效应",让抱怨变废为宝。

有效抱怨：做个会"吵闹"的白领

在职场上，我们会发现，"抱怨就像空气一样无处不在"。那么，抱怨究竟是个什么样的东西？我们应怎样运用它，怎样来衡量它的利弊呢？

有位朋友问："在生意场上，为什么那些挑剔和难伺候的人的要求(抱怨)往往会得到优先的处理，而自己对别人所采取的宽容态度，反而会被忽视？"

这是一个很有趣而且很现实的问题，或者我们可以将它叫作"抱怨效应"。为什么会这样呢？

1.无效抱怨：绝不是简单"哭闹"就会"有奶吃"

俗语说，"会哭的孩子有奶吃"。艾米一直笃信这话。所以工作上的大小事情都会成为她抱怨的内容——觉得天天跑出去吃饭太累人，艾米就向同事埋怨："唉，你说我们公司也不小，怎么就不开个食堂？哪像我朋友的公司啊……"发现单位福利不好，就抓住小细节不放："一个文件夹也需要自己跑去买，单位真是小气！"因为自己没有得到工作机会而愤愤不平，抱怨再次张口就来："哼，什么好事都分给别人做，老板也太忽视我了。"

诸如此类，凡是她觉得不满意的，都要抱怨一通。长此以往，单位上下都知道有这么一个爱抱怨的同事存在。不了解的人以为艾米是被忽视了才会这样不甘寂寞；熟悉她的人却很清楚，她不过是一个类似于祥林嫂的人物。

前一阵子,艾米离职了,因为领导不满她的"怨妇形象",委婉地请她离开了。

唠唠叨叨,不管场合与时间,只要是自己不满意的,就怨这怨那。这样的人注定成为职场上惹人厌的角色,不仅同事嫌烦,领导也厌恶这样的人存在。

"会哭的孩子有奶吃",这样的说法没错,不过它的本意在于引起周围人的注意,从而得到安抚。职场关系错综复杂,绝不是简单"哭闹"就会"有奶吃"。

职场中,抱怨也要讲究合理正当。只有在合理正当的前提下,个人的抱怨才能得到认可;相反,长时间不计时间与场合的抱怨,最终哪怕确实有正当合理的理由存在,也淹没在一贯以来的唠唠叨叨中。

一般而言,会不会抱怨是由人格决定的。爱发牢骚的人往往对自己要求不严格,语言掌控能力差。在发表言论时,这类人几乎不考虑时间场合,说话轻率,很容易丧失别人对他的信任。在领导眼里,经常私下里抱怨的人,就是"说闲话"的代表人物。而这,恰恰是领导最忌讳的。只有有效的抱怨,才能为你带来改善。

与艾米相比,陈言的策略就高明多了。富有工作经验的陈言被一家软件公司聘为商务部门主管。新官上任三把火,陈言不想被人看轻,一接手就带着自己的组员拼业绩。但初期的工作积极性逐渐被每况愈下的经济形势消磨殆尽,陈言偶尔也会抱怨工作压力太大。当小组业绩状况又一次垫底后,她开始正视一个她忽略已久的问题:为什么自己的组员是商务部门中最少的,业绩要求却与其他小组一致?

有点愤愤不满的陈言转而向同事诉苦:"老总也太苛刻了,我的人这么少,他给的指标却是一样的。还说我业绩不行,要按百分比算,我们组其实个个都是精英。"

不过,对着同事抱怨,并不能解决问题。思来想去,陈言决定改变一下策略。她给老总发了封邮件，委婉地叙述了目前的困境，希望能在不影响公司整体运作的前提下，适当地为自己的小组增派人手，以便取得更好的业绩。没几天，陈言就被请进了办公室，老总很是关切地询问了部门情况，真诚地表示，作为领导不可能事无巨细全部打点周全，有时沟通不畅很可能导致信息缺失，希望以后能多有像陈言这样的员工，适时地提出一些合理化建议，帮助公司成长。走出办公室，陈言脸上洋溢着满足的笑容，工作状态仿佛也一下子回来了。

抱怨要做到适时适度。在适当的场合抱怨，既能引起领导注意，又能使自己的要求得到一定程度的满足，这是聪明人的做法，也是"有效抱怨"。

"有效抱怨"是有理有据的，通常是经过思考，并且运用适当的方式表达出来的。

比如，在部门例会上，大家展开讨论时，将自己的不满以委婉的建议方式呈递，或者单独与上司交流，让他知道你的想法。

想要让自己的抱怨有效，就一定要记得，平时尽量不要在公共场合暴露内心真实的想法。

另外，想让自己的抱怨奏效，最好事先进行调查，得到充足依据后再开口。这样既让领导注意到抱怨的合理，也可展示一下自己做事的有理有据，给领导一个好印象。

有效抱怨，不是见谁都抱怨：

(1)真正能解决问题的人，才是你需要正视的抱怨对象。

(2)抱怨时不妨以"我建议"作开头。抱怨时，无论是对同事还是对上司，不妨采用讨论的方式。例如，在座谈会上，大家一起讨论，适当地以"我建议……"作为开头，道出自己对某一方面问题的不满。

(3)对领导和同事抱怨后，最好还能提出相应的建设性意见，尽量减少对方可能产生的不愉快。尤其是在上司面前，因为有些问题你能想到，别人未必想不到。

(4)如果不能提供给领导一个即刻奏效的办法,至少也应提出一些对解决问题有参考价值的看法。这样,上司会认为你是真正在为团体着想,是一个在工作上有进取心的属下,而不是整天只知道抱怨的难缠分子。

2.注意:领导最讨厌的几类抱怨

没有人不会抱怨,即使是那些甚少发言,始终不声不响做事的人,内心也可能存有诸多不满。不抱怨,只是因为还能把握周边的环境及人事对其产生的影响。不声不响的"老黄牛"式员工,自然是领导喜欢的对象。

当然,领导不一定讨厌听到抱怨,有时抱怨也是增进沟通的一种途径。但以下这些抱怨类型,却是绝对不受欢迎的——

★"漫天要价"型——以单位目前的实际情况,明明达不到,还要一味要求。无论何种抱怨,最忌脱离客观实际。如果抱怨的内容纯粹是"白日做梦",结果自然无效。

★"光说不做"型——对于那些只会抱怨而不会努力做事的人,抱怨价值非常低级。指望着单位满足你的一切要求,而自身却不付出努力,这类人最容易被踢出局。

★"毫无禁忌"型——"有效抱怨"讲求适时适度以及在适当场合发表。如果在不当的时机下,或是不当的场合中,抱怨不仅无效,还可能带来反效果。比如,在部门例会上,不顾领导感受大放厥词,不但影响团队士气,还可能成为挑战领导权威的"罪人"。

最能够被人理解的抱怨,是钱少或者职位的发展空间小,说白了就是想升职加薪。这种抱怨的有效对象是顶头上司。瞅准老板心情好、对自己的工作及能力另眼相看的瞬间,你可以大大方方地吐出怨气:"我很喜欢目前的工作,但薪水实在太一般了。"或者:"其他都还好,就是工作缺乏挑战。"

不过，这世界上永远是风险与收益同在。抱怨过后，既没有升职也没有加薪，反而一封信请你走人，也不是没有可能的。

偶而抱怨一下培训的机会少，或者福利不够多，也容易引起老板的好感。最低限度，能说明你对公司够投入，爱之深，才会恨之切嘛；其次，也给了老板一个行使赏赐权力的机会。明明有这个权力，却无人来乞求，等于守着金屋却没有路人看一眼，也是件令人懊恼的事。

TIPS：不值得你抱怨的六大上司

1.出尔反尔的老板不值得抱怨

老板早晨下了指令，你忙不迭去执行，到了傍晚，他突然改了口风，让你一天的工作化为泡影。抱怨连连的同时，可别忘了，你是工作执行人，他是工作策划人，他看到的是整体，你看到的是局部，他不断修改指令，也是为了让工作更完美。更重要的是，老板和你的关系是一对多，你和老板的关系是一对一，老板不可能亲力亲为地去适应每一位员工，只有员工去适应老板！

如果老板朝令夕改，你所能做的就是不断与他沟通，让自己的办事速度跟上他的思维，这样，你还能给老板留下办事靠谱、性格沉稳的印象。要知道，在美国职场调查中，"出尔反尔的老板"被列为最不好解决的职场难题之一，如果你能从容面对这种情况，说不定下次升职的就是你！

2.疑神疑鬼的老板不值得抱怨

如果你是分公司主管，你经常会在非上班的时间接到老板电话；如果你是基层员工，老板会无时无刻对你表示上司式的关切；如果你是老板的左右手，那你的每一个工作细节都要向他详细汇报……这类事必躬亲的老板多为心理压力较大的职场人群。他希望把事情做到最好，生怕属下出差错，总是过多注重细节，这在你眼中就成了疑神疑鬼。这类老板的直接表现是不轻易相信别人，对下属的工作总有诸多不满。

其实,这样的老板最好对付!他们往往相信"人治"重于"法治",再加上巨大的心理压力,他们的情感防线最易攻破!因此,你除了要按他的要求,事无巨细地汇报工作外,还可与他发展个人友谊!要知道,有压力的人往往孤独,而你一旦踏入他的人际空间,就等于为自己的职场生涯打开了一扇明亮的窗!

3.偏心眼的老板不值得抱怨

为什么老板总是一碗水端不平?为什么他更偏向那个和他私交甚好的同事?想想看,生活中,你不也对某些自己喜欢的人格外偏向吗?

老板偏心眼,说明他至少具有几分人情味,这可比那些冷若冰霜、不食人间烟火的上司好相处多了!

碰到偏心眼的老板,你可千万别当众抱怨,这只会让他眼中的你更面目可憎!最好的办法是积极进攻,从侧面发展与老板的私人关系。他可能由于私人原因偏向别人,如果你主动示好,难道他不会因此而增加对你的好感度?

4.当众呵斥你的老板不值得抱怨

一点小错误,就被老板当众呵斥,颜面扫地,你当然会对他心怀怨恨!心理学家发现,无法原谅对方的小过失,是心理不成熟的表现,面对这种"幼童性格"的老板,你最好的办法就是装作视而不见!要知道,这事在你眼中有如天塌下来般重大,而在老板眼里,不过是过眼烟云。如果在暴风骤雨过后,他一样对你微笑相迎,反而说明他并不看重你的小过失!

没必要为老板不成熟的行为生气,更没必要将他的怒火"移情"到自己头上!心理学家认为,在人把坏心情宣泄出来的3小时后,其内心容忍度会迅速升高。如果你能掌握好这个时间差,在老板发完脾气后向他提出不同看法,也许会收到意想不到的效果!

5.行为散漫的老板不值得抱怨

你的老板天生是个马大哈,比下属还丢三落四,对工作重视度看似不高?那你就要小心啦,别被表面现象所蒙蔽!除非他是含着金钥匙长大的纨绔子弟,要不他不会对工作这样不上心,否则他又如何登上高管的职位?

表面上的散漫只是天性使然,也许他正在以此探究你对工作的态度!千万别因此抱怨连连,甚至影响自己的工作情绪!老板越散漫,你越要认真行事!想想看,当老板发现你工作态度诚恳、勤奋时,自然会对你赏识有加!

6.不喜欢你的老板不值得抱怨

老板也是人,也会对周围人有喜恶和偏好。虽然主流的职场规则是不要将个人感情带入工作环境,但要限制某个人的情绪,可不是什么容易事!如果你不幸,天生与老板气场不和,或和他的人生观相悖,也不要因此自暴自弃、抱怨连连!首先,你要承认他不喜欢你的事实,然后告诉自己,这样的情况必须诚实面对!

千万不要把不满情绪带入工作中,这样只会让你在他心中的地位一降再降!每个人都喜欢对方乐观的态度,如果你明知道他对你心怀不满,还照样阳光满面地工作,像平时一样与他打招呼,说不定他对你的态度会有所改变!当然如果你有一定的事业野心,建议你暗地里做好跳槽准备。因为研究发现,老板提拔的人往往和自己气场相合,与他气场不同的你未必身处他的提拔名单哦!

3.职场抱怨说:白领江湖的精明技巧

"大堡礁白天比英国短,同时炎热的天气不适宜烧烤……"有媒体报道澳大利亚大堡礁守岛人——一位获得世界"最好工作"的英国公民,仍有抱怨。

无论生活还是工作,都难免会有不满的时候。但抱怨要看场合,也得讲方法。尤其是在职场中,人心隔肚皮,若不谨言慎行,只怕会后患无穷。

给领导"挑刺"的技巧

陈刚（文员）

抱怨总是比感恩来得容易。可不是吗？发牢骚只要动动嘴皮子即可，与绞尽脑汁、殚精竭虑地把每件事做到尽善尽美相比，当然容易千倍万倍。

抱怨人人都会，可是，有时给了你公开抱怨的机会，却未必人人都能唱好这台戏。

这几年，因为几次学习的关系，单位不断要求下属给领导提意见，还得当面提、公开提。说实话，这可真让我心里没底。第一次被直属上司正儿八经地请到办公桌前坐下，头儿很不自然地微笑着请我"多批评"，还拿出笔记本打算一条条记录下来，我真是头上冒冷汗啊——口说无凭，有字为证，这哪里是笔记本，简直就是秋后算账的账本！那时，我突然想起了很久前看到的一个笑话，于是依法效仿："我觉得您吧，唯一的缺点就是太认真工作，太不爱惜自己的身体了！"

自然，这样的虚伪是无法过关的。可是，怎么办呢？我真的太没职场情商了，实在想不出如何才能给老板提点不痛不痒的意见，既能不踩到老虎尾巴，还最好暗含歌颂之意。

又一次公开征集意见活动开始了，很不幸，我又被请去座谈了。本来，朋友建议我随便捣捣浆糊，谈谈对此次活动的心得体会即可。可是，在座者似乎都很珍惜这次机会，立志要把"想唱就唱，唱得响亮"的原则贯彻到底。我被这氛围一感染，激动了起来，把朋友"千万不要批评领导，不然你会死得很惨"的忠告都抛到了脑后，也来了个一二三四的长篇大论。

结果可想而知。

在职场又浸染了几年，如今的我情商已略有提高，既不会毫无技巧地肉麻吹捧，也不可能如莽汉般"炮打司令部"。

关于给领导提意见的难题，我的拙见是：扣牢领导个人鉴定中提到的一些问题，粗略谈谈想法，最好多谈制度束缚、体制弊病等宏观话题，要让人觉得单位之所以存在这样那样的问题，并非领导个人能力或者品行不够格，而是能力虽强却限于种种现实因素的掣肘。

其次，不要拓开话题，大胆触及那些领导尚未意识到或者不愿公开"自我批评"的实质性缺点，更切忌进行恶毒的人身攻击，否则，很有可能被领导的冷酷眼光和群众的唾沫当场逼死。

最后，当然还要推敲下开场白和结束语，态度一定要诚恳谦逊，千万别让领导以为，此次征询意见乃是给了小人得意忘形、借题发挥之机。

基本上，这就是我应对眼下"挑刺"的思路，效果如何，其实我也不清楚。

没有抱怨的生活不是真实的生活
翁伟(咨询师)

生活中，抱怨处处存在。

带儿子排队买肯德基，前面的客人总是拿不定主意要买什么。身边的儿子饿了，不停地催："老爸，老爸，你快点快点！"而前面那家伙，还在墨西哥鸡肉卷和汉堡之间犹豫。你当然不能着急上火，也不能催，你一催，一不小心就成了抱怨。

人们常说，不要把工作中不好的情绪带回家，因为家是港湾，你心情的不愉快会影响到家庭的和谐。但真能做到这点的其实不多。相反，不少人总是把单位里的不愉快，如领导申斥、同事纠纷、涨薪泡汤等让人郁闷的话题，带回家中抱怨出声——你总不能老憋着呀，那就让家人的安慰排解你心头的烦躁吧。在家里可以随心所欲一点，不用担心"火烧连营"，即使和还不清楚你的急脾气从哪里来的家人顶起牛来，也会来得猛去得快。

外面的不愉快在家里可以不憋着？也许！把家里的怄气带到工作场合去抱怨？愚蠢！在办公室里，你要是向上司、同事或者客户抱怨家里的烦恼，他们只会怜悯地看着你，然后在心里对你的职业素质打个最低分。

但真有很多事情让你有理由抱怨：薪水少了，活多了；被客户无理的态度逼烦了；上司交代的任务，对业务发展毫无意义，却要化为你打不完的文件和报表……还有，某同事说你衣衫不整；手下背后给你起了难听的外号；本意为同事的疏忽打马虎眼，却一不小心成了替罪羊……一堆又一堆，烦恼数不完！你不说出来，无人替你出头；你说出来，既遭人笑话，又解决不了问题。

没有抱怨的生活不是真实的生活，但遇事就抱怨，显然不是好办法，尤其是在需要保持高度理性的工作场合。你若是像祥林嫂那样反复唠叨"春天到了，狼要吃孩子"，同事见你都会绕道走。

抱怨有没有技巧？不知道。即使是巧妙的抱怨，那也是抱怨，聪明人马上就会听懂，笨点的回过味来也会懂。

抱怨，是负面情绪的体现，不发泄出来会伤了自己，发泄出来自己还是被伤——那么，还是心平气和一些吧，少抱怨，即使是在家里。抱怨是没有用的，那些事情依然存在，你还是要面对。

消除抱怨的办法，就是第二天你从家里出发，坚持去上班，去解决引起抱怨的一个个问题，哪怕明知道老问题解决了，新问题还会出现，然后，下班回家。

背后抱怨，不如当面说清
文勤勤(办公室主任)

记得刚参加工作的时候，参加过一个业余文化团体，负责和我们联络的是某公司的宣传科。宣传科就三个人，一个科长两个兵。两个兵中，一个爱抱怨，当着我们这些外人也口无遮拦，据说他是有些背景的；另一个是文静的女孩子，很踏实，最繁琐的工作都是她在干，却从来没听她抱怨过一句。

数年过去了，那天突然在电视上看到了她，原来她已经成了那家公司的董事长兼党委书记，后来听说又荣升某局副局长。这还是当年那个任劳任怨的女干事吗？我做梦也想不到，以她普普通通的身份，能一路披荆斩棘地做到这个显赫的位子。联想起她年轻时平静如水的风格，我不禁发出感慨。

不抱怨，让行动说话，于是，别人的抱怨在一定程度上就反衬了你的不抱怨，这比说什么都管用。

我们厂行政科有个女职员，工作热心、手脚麻利，但就是管不住嘴巴。上司到她办公室里坐坐，没三句话她就开始发牢骚："我干多少活？我容易吗？"一件件地评功摆好，弄得领导们老远看见她就躲。她还爱咬扯别人，经常抱怨谁谁不如她、领导偏心等。传到其他同事耳朵里，一句话得罪好几个人。所以，一直到退休，她也没被提拔。

抱怨，还有可能被别有用心的人利用。要知道，有人居心叵测，就会利用你这张爱抱怨的嘴，篡改抱怨者原本很单纯的意图，结果三人成虎，就造成了上下级、同事之间解不开的心结。

与其背后抱怨，不如当面说清。实在憋不住要抱怨，可采取一些特殊的方法。我们单位有一个副主任，经常越权。有一次他向正主任请示工作，正主任不动声色地就把话递过去了："我是聋子的耳朵——摆设。"一句话，让副主任收敛不少。有些男下属，不好为鸡毛蒜皮的事抱怨，但又想让领导知道自己的心事，于是在酒桌上借酒遮脸，把心里的话倒出来。过后，一揩到地赔不是："头儿，我这是酒话，您别在意。"其实，他的意图是什么，大家心里明镜似的。

新人没有抱怨资格
焦日朗（杂志编辑）

俗话说，干一行怨一行；俗话又说，人生不如意十之八九。所以，工作中，"抱怨"的刚性需求始终很大。

多年前，我毕业分配进了一家效益很差的工厂。休息时间，同事们经常聚在一起聊天，说到自己的亲戚、同学如何如何幸运，自己如何如何不幸，便把一腔抱怨都献给了单位。当时我也经常参与这样的抱怨，觉得发泄一通之后，心情会舒坦一些。

出乎意料的是,我的抱怨每每都会被添油加醋地传到领导耳朵里,而其他人抱怨却没事。我这才明白:身为新人,尚未完全融入集体,我还没有"同流合污"的资格。

"厂领导什么水平?真是将熊熊一窝。"经常有人会私下发泄不满。可我学精了:参与其中,我肯定会被"暗算";不发表议论,也有可能被认为是"默认",接着就会被一些宵小栽赃,传成我对领导不满。所以,遇到这种情况,我一律旗帜鲜明地发表反对意见……

原单位垮了以后,我干过一段时间销售,经常与对手公司的同行接触。彼此混得熟了,私下交流时难免会抱怨自家公司的种种不好。后来,前辈批评我说,无论对公司有多大意见,在外,我们就是公司的一部分,你抱怨公司不好,别人就会暗自瞧不起你——这么不好的公司,你为什么还要混着?没本事。

看来,社会着实太复杂,要找个可以安全抱怨一下的地方都难。当然,有些精明人士似乎从未抱怨过,总是很有城府的样子。不过从中医学理论来看,怨气淤积于胸,长期下去恐怕会折寿。拿命换前程,未必值得。

好在如今有了网络,QQ、MSN、BBS上的朋友大多彼此无利害关系,在这些平台上偶尔抱怨一下,既能心理解压,又不至于产生副作用。

掌握好抱怨的尺度和态度,需要丰富的社会学、医学知识,难度不小。

总结:抱怨的数量和"质量"

职场中的抱怨,是一种负面情绪,弊多利少。

然而人是有感情的,有情绪总要发泄,少量有分寸的抱怨不可避免,所以抱怨很有讲究。

从朋友们的故事中,总结出几条技巧:

(1)限制抱怨的数量——一天中只能抱怨2%至5%的事,多了就会令人厌烦。

（2）控制好情绪——再有理，也要等自己心平气和了再抱怨，而且要就事论事，切忌抖出往事，避免变成人身攻击或贬低对方。

（3）提高抱怨"质量"——可以用幽默、自嘲的方式让抱怨变得有趣；切忌喋喋不休地反复抱怨一件事；还要看准了听众再抱怨，让抱怨发挥作用，否则说了也白说。

（4）注意场合——尽量在私下里表达，避免在公开场合使人难堪，否则若伤害到对方自尊心，很容易遭受报复。

（5）选择时机——当环境氛围不好或对方心情不佳时，最好不要抱怨，否则不仅没人听，还会招人讨厌。

（6）提出积极建议——抱怨之后，要提出相应的建设性意见，既可减轻对方的不愉快，又能让对方觉得是在为他着想。

（7）不耽误工作——切忌把委屈和抱怨情绪带到工作中去，不要影响工作进度，更不要消极怠工，否则有理也变无理。

遭遇到下属的抱怨，你该怎么办？

最近，员工抱怨越来越强烈，很多员工都在背后密谋着跳槽，公司的做事氛围也越来越淡了，每个人都如同泄了气的轮胎，提不起一点干劲。那么，作为公司的管理者，你该怎么办？

管理者在管理活动中，即使做得再好，也会有一些下属不满意，被抱怨这、埋怨那。面对下属的抱怨，管理者应该如何对待？

这不仅是检验管理者处事能力和水平的一个重要方面，同时对进一步改进工作方法、充分调动下属的积极性、提高下属的工作效率，都具有十分重要的意义。

1.会抱怨才是好员工——尊重员工的抱怨

某科技产品销售公司总经理樊昌最近十分纳闷，销售部经理刘燕的情绪问题实在是个大难题，她已经连续一周在他面前抱怨压力大、很辛苦了。对于刘燕的业绩和付出，樊昌心知肚明，于是给她排假期，让她只管放心休息。可刘燕不仅不开心，脸反而更"黑"了。

有人告诉樊昌，刘燕哭得一把鼻涕一把泪："任务完成了，现在也不需要我了……"而樊昌有所不知，刘燕的抱怨，只不过是为了争得他的表扬。原来，公司开年会时，他着重表扬了新上任的输出部经理，却对销售部提之甚少。因为在他看来，刘燕领导的销售部较为成熟，好业绩已"见怪不怪"了，即使不说，上下也都明白。

在职场上，下属有时会发出抱怨，作为上司，你也许会认为下属心胸不够宽阔，或对自己有成见。对此，管理者要明白，下属是员工，更是伙伴，他们有时并不自信，不少员工会通过牢骚或抱怨来吸引上司的关注，这是一种微妙的职场心理。

如果一个员工只是向你提出抱怨，而没有向公司散播负面的影响，那只能说明他看到了公司管理的某一方面的问题，而又找不到解决方法，所以通过这样的一种方式向你寻求答案。很多管理者一听到员工抱怨，就认为员工对公司不满，于是要么批评员工，要么置之不理，直到员工大批量离开了才后悔莫及。这样的管理者算不上好的管理者。

其实，仔细观察，你会发现一个有趣的现象：抱怨多的员工在公司待的时间反而长，只不过是情绪需要引导；而对公司提意见相对少的，多半会选择离开。所以，管理者必须学会如何处理员工的抱怨问题。

抱怨只是下属想得到你的注意

员工内心总有许多苦衷，希望能说给管理者听。但一般说来，大多数员工的苦衷都会憋在心中,有时可能会忘掉这些不愉快,但也有可能会越积越多,最后爆发出来。很多人都曾这样说过:"因为薪水过低,我不干了。"实际上,这仅仅是表面的借口,其实,他的心中已积蓄了许多的不满。

从某种意义上说,管理者的一大职责就是听抱怨。一个出色的管理者应乐于接受下属的抱怨,如果你一时没有空听他们诉说,则可约一个时间让他们向你倾诉。不要立即反驳下属的怨言,而应该让他们一吐为快。

有时候,他们倾诉怨言似乎是希望你采取什么行动,而实际上只要你能给他们一双善于倾听的耳朵,他们就心满意足了。如果抱怨的对象涉及到另外的下属或其他部门的员工,你就必须听取一下另一方的意见,以求问题能得到公正的解决。

作为一名管理者,在与下属交往的过程中,要通过日常工作、学习和生活,观察下属的反应,注意下属的意见,重视下属的建议。下属有了抱怨,说明下属对某些事情不满意。管理者面对抱怨不能漠然置之,而要给予高度重视,把它当成工作中的一件重要事情,列入个人的工作日程,或派专人处理,或亲自进行处理。

一旦听到下属的抱怨,管理者应立即放下架子,深入到下属之中,谦虚真诚、满腔热情地认真地听取下属的意见,进行深入的调查研究,搞清是哪些下属在抱怨、抱怨什么,以便主动把握有关方面的情况。如果管理者对员工的抱怨不理不问,那就准备迎接下一批更会抱怨的下属吧!

调查抱怨背后真正的原因

不满并不代表不忠。认为对某一事情表示不满的人就一定对企业、管理部门或对管理者极为愤恨,这是极其错误的想法。

实际上,正是因为有了这种抱怨和不满,管理者才会意识到企业里可能还有其他人在默默忍受和抱怨着同样的问题。默默忍受,表面虽然平静,却会严重影响工作效率。如果你能随时处理他们的不满,解决他

们的问题,抱怨者就会对你心存感激,从而更努力地工作。

首先,你要从主观上找原因,看是不是因为自己工作的失误,使下属的工作难以进行,才造成了下属的抱怨。例如:

是不是因为自己的决策缺乏科学性,严重地脱离实际,损害了下属的利益;

是不是因为自己考虑不周到,过分地追求个人政绩,给下属的工作造成了过大的压力;

是不是因为自己不了解实际情况,片面地强调某一方面,而忽视了另一方面,因而给下属的工作造成了很大的困难;

是不是因为自己的言行有主观随意性,压制了下属的正确意见和建议;

是不是因为自己缺乏科学的工作方法和管理艺术,有意无意地伤害了下属的感情和尊严;

……

其次,要从客观上找原因。

对管理者的政策不理解,对管理者的意图不明确,这些都容易让下属产生抱怨;

而有一些下属则完全是因为心胸狭窄,或者是因为个人利益受到了影响而对管理者产生抱怨;

还有的下属是因为不明白真相,或受他人挑拨,而无端地产生了抱怨;

还有一种情况,就是在管理者下达某个任务后,客观条件已经发生了变化,而作为管理者,却未能及时地对完成任务的时间和其他要求做出相应的调整,导致下属任务难以完成而产生抱怨。

采取切实可行的办法消除下属的抱怨

最后一步是最关键的一步。很多管理者觉得,和员工沟通过了就没问题了。其实,这种处理方式无异于换汤不换药,过不了多久,还是会引起员工的抱怨。与其天天处理抱怨,还不如花点心思来解决这些抱怨背后的问题。

如果你打算解决问题，就应采取切实的行动，尽量事先考虑一下问题发生的原因，避免因操之过急而使矛盾激化；如果你不准备采取什么行动，也应告诉抱怨者其中的原因。至少，你要让他们知道，你听到了他们的抱怨，如果迟迟拖延不理，他们会感到失望透顶的。

如果是管理者自己的原因，就一定要严以律己、以诚相见，从检查自己入手，勇于进行自我批评，本着有错必纠的原则，立即纠正自己工作中的失误。切不可故弄玄虚，或把自己的失误和过错轻描淡写地一带而过，更不能强词夺理、坚持错误或者马马虎虎、敷衍了事。

如果是下属的原因，就一定要摆明事实、讲清道理，帮助下属准确地理解管理者的意图；如果是个别下属无事生非，没事找事，无端地怨天尤人，故意发牢骚、泄私愤、出怨气，那就一定要对其进行严肃的批评教育，促使他们明白纪律和制度的严肃性，从而消除侥幸和得寸进尺的心理，保持良好的心态和情绪，以积极的态度和崭新的精神面貌努力完成管理者交付的各项任务。

无论抱怨的原因是什么，作为管理者都应该妥善处理。现在大多数企业中都设立了让人才发泄怨愤的渠道，通过提供正式的、文件完备、高度公开化的手段使人才的抱怨得到消除。这才是现在企业的人力资源管理之道，才是企业要走的可持续发展之道。

2."堵人之口甚于堵川"
——最好的方法是让员工把抱怨的话说出来

为了消除员工心中的烦恼和不满，并达到激励员工的目的，最好的方法是让员工把抱怨的话说出来，以便减轻怨恨的程度，甚至化解冲突。

日本的"经营之神"松下幸之助每天最喜欢做的就是找员工聊天，倾听他们的牢骚。在倾听的过程中，他什么也不做，只管认真地听。

很多高层领导从松下幸之助这个"嗜好"中，发现了一个神奇的事实：尽管松下幸之助倾听完员工的意见后，并没有迅速给出答复，但说话者本人的愤怒和不满却大大地减轻了，他们好像受到了莫大的激励一样，重新投入了工作。

作为管理者，如果一位因感到自己待遇不公而愤愤不平的员工找你评理，你只需认真地听他倾诉，当他倾诉结束后，心情就会平静许多，甚至不需你作出什么决定来解决此事。

由此可见，领导者只要从沟通中学会倾听，就能消除矛盾、缓解冲突，从而更好地让员工"动"起来。尤其是在当今竞争加剧的情况下，人才的竞争使得员工的跳槽越来越频繁。"堵人之口甚于堵川"，面对这样一个在所难免的事实，只要你给员工充分的话语权，让他们把心中的不满发泄出来，抱怨、矛盾自会得到平息与化解。

在沟通的过程中，不仅要用耳朵去听，还要用眼睛、用心去听。也就是说，不仅要听到说话的内容，还要留意说话者的表情、动作，同时用心去理解所听到的内容。

如果一个领导者不能认真聆听员工的话，一心只想着自己如何才能说出更好的言辞，或自己该说什么才能给对方留下好印象等，将会破坏和员工之间原本良好的关系，不利于员工潜能的发挥。所以，领导者在与员工沟通时，不妨先暂时闭上嘴巴，竖起耳朵认真聆听！

作为领导者，能够给员工发表意见的权利，让他们把自己的所思所想说出来，不仅是对对方的尊重，还能使员工愿意走近你，激发出他们内心深处的想法。因此，领导者应将其作为一种责任。

但是，许多领导者却常常犯这种沟通错误——不愿倾听。实际上，员工激励问题在很大程度上就是沟通问题，80%的管理问题实际上就是由于沟通不畅所致。因此，不会倾听的领导者自然无法与员工进行畅通的沟通，从而影响到激发员工潜能的效果。

乌先生从商店买了一套衣服，但不久后他发现，衣服会掉色，把他衬衣的领子染上了色。他失望极了！于是，他拿着这件衣服来到商店，找到卖这件衣服的售货员，想说说事情的经过，但售货员总是打断他的话。

"我们卖了几千套这样的衣服，您是第一个找上门来抱怨衣服质量不好的人。"售货员生气地说，语气听起来似乎在说乌先生诬赖他们。

吵得最凶时，第二个售货员走过来说："所有深色礼服开始穿时都会褪色，一点办法都没有，特别是这种价钱的衣服。"

乌先生生气极了，他在后来叙述这件事时强调："第一个售货员怀疑我是否诚实；第二个售货员说我买的是二等品。我准备对他们说：'你们把这件衣服收下，随便扔到什么地方，见鬼去吧。'正在这时，这个部门的负责人出来了。他很内行，他的做法改变了我的情绪，他是怎样做的呢？"

"首先，他一句话没讲，很安静地听我把话讲完。等我把话讲完，那两个售货员又开始陈述他们的观点时，他开始反驳他们，并帮我说话。他不仅指出了我的领子确实是因衣服褪色而弄脏的，而且还强调说商店不应当出售使顾客不满意的商品。后来，他承认他不知道这套衣服为什么出毛病，'您想怎么处理？我一定遵照您说的办。'他直接对我说。

"几分钟前，我还准备把这件可恶的衣服扔给他们，可现在我回答说：'我想听听您的意见。我想知道，这套衣服以后还会不会再染脏领子，能否再想点什么别的办法？'他建议我再穿一个星期，'如果还不能使您满意，您把它拿来，我们想办法解决。请原谅，给您添了这些麻烦！'

"我满意地离开了商店。七天后，衣服不再褪色了，我也完全相信这家商店了。"

做领导者的你是否能从中悟出一些什么呢？每一个遇到困难的人都需要别人听他讲话；每一个被激怒的顾客、每一个不满意的员工或受委屈的朋友都需要善于听他讲话的人。如果你想成为一个好的领导者，首先应做一个善于倾听别人讲话的人。

那么,管理者应如何将倾听当成一种责任呢?

(1)站在员工的角度去倾听

员工在叙述自己的想法时,可能会有一些看法与公司的利益或领导者的观点相违背。这时,不要急于与员工争论,而应该认真地分析他的这些看法是如何得来的,是不是其他员工也有类似的看法。为了更好地了解情况,领导者不妨设身处地地站在员工的角度,为员工着想,这样做可能会发现一些自己以前没有注意到的问题。

(2)听出员工的言外之意

作为一名优秀的领导者,在倾听员工谈话时,首先要弄明白他们到底想说些什么,是给公司提建议、对某人有意见,还是对待遇不满。这就要求管理者在倾听时,不但要经过耳朵,也要经过大脑,听出言外之意。

而且,由于每个员工的性格不同,在表达自己的观点时采取的方式也不尽相同。比如,性格较内向的员工,在表述一些敏感的问题时可能会更加隐晦。如果你只听表面意思,而不去用大脑分析,就得不到真实的判断。这需要领导者在平时多与员工接触,鼓励员工把自己想说的说出来,这些对激励员工很有帮助。

(3)听懂后再说

在倾听结束之前,不要轻易发表自己的意见。由于你可能还没有完全理解员工的谈话,这种情况下妄下结论,势必会影响员工的情绪,甚至会使之对你产生抱怨。领导者在发表自己的意见时,要非常谨慎,特别是在涉及一些敏感的事件时,尤其要保持冷静。对员工而言,领导者的言论代表公司的观点,所以领导者必须对自己说出的每一句话负责。

彼得是一家公司的人力资源经理,每次员工来找他谈想法和思路的时候,他总是在还未听懂前就发表自己的"高见",而且自己的话语占到整个谈话的90%。结果导致员工不能顺利地表达自己的想法,他也因此不能很好地理解员工想说什么。

就这样,员工越来越疏远他,不愿与其交流,这也慢慢导致了工作效率的下降。后来,公司发现彼得所在的部门沟通不畅,影响到了整个公司的运营,于是认为其不适合做人力资源经理,便让他改做了业务。

　　因此,要提醒领导者的是,在倾听的过程中,应把全部信息了解了之后再来作决定,在听完、听懂之后,要向讲话的员工表示发自内心的感谢。只有先了解了自己的员工并理解了其所说的话,才能真正地去激励员工。

　　领导力并不只是靠地位、职权、魅力取得的,还来自沟通的技巧。用"倾听"来找到激励员工的方法,并把倾听员工的心声和理解员工的想法当成自己的责任,默默付诸实践。这样不仅能让自己成为员工心目中优秀的领导者,还能使员工自愿释放出自己的潜能。

　　无论在哪个领域,员工永远都是企业内部的顾客。要想发展企业,就不能忽视他们的心声。大量研究表明,人类对沟通时间的分配是:9%的时间用于书写,16%的时间用于阅读,30%的时间用于说话,45%的时间用于倾听。充分利用"倾听"这45%的沟通时间,将使你的员工充分地"动"起来。

　　一天,美国知名主持人林克莱特访问一名小朋友,问他说:"你长大后想要做什么呀?"

　　小朋友天真地回答:"嗯……我要当飞机的驾驶员!"

　　林克莱特接着问:"如果有一天,你的飞机飞到太平洋上空,突然所有的引擎都熄火了,你会怎么办?"

　　小朋友想了想:"我会先告诉坐在飞机上的人绑好安全带,然后我挂上我的降落伞跳出去。"现场的观众笑得东倒西歪。

　　这时,林克莱特继续注视着这孩子,想看他是不是自作聪明。没想到,接着孩子的两行热泪夺眶而出,这才让林克莱特觉得,这孩子的悲悯之情远非笔墨所能形容。于是林克莱特问他:"为什么要这么做?"

　　小孩的答案透露出了一个孩子真挚的想法:"我要去拿燃料,我还

要回来！"

这里不得不佩服主持人林克莱特，他能够让孩子把话说完，并且在现场的观众笑得东倒西歪时仍保持着倾听者应具备的一份亲切、平和与耐心。

这个故事也值得管理者铭记：要掌握"听"的艺术，给别人说完话的权利，不要听话听一半，更不要把自己的意思投射到别人说的话上。而要做到这点，训练自己的"听力"十分必要。

TIPS：这样训练自己的"听力"最有效

倾听是一门艺术，也是了解和激发员工潜能的一种技巧和方式。倾听时要调动自己的耳朵、眼睛和心灵，而且必须集中注意力。下面是一些倾听的训练方法。

(1)倾听时记笔记，如有承诺，定要兑现。做笔记有助于保持注意力，是训练听力的一个有效手段。记下重点并在结束时进行总结，这样不仅能表明你对对方谈话的重视，也可以记录一些重要的问题，以防遗忘。如果你对员工作出了一些承诺，一定要及时兑现；暂时无法兑现的，要向员工说明无法兑现的原因以及替代的其他措施。

(2)倾听时，注意力要集中。倾听时要目视对方、集中精神，才能表达出你的尊重和兴趣。看向别处、低头不语或者做一些小动作，都会显得你对此次谈话不屑或不感兴趣，这会让员工感到很尴尬。

(3)倾听的姿态要自然。合适的倾听姿态可以为倾听加分。如果只是僵硬地保持着一种姿态，会让员工觉得很尴尬，甚至会草草结束谈话。交谈是一种互动，在听的过程中应调动起一切姿态来给员工进行反馈，显示你在认真倾听他的谈话内容，以便让他更有兴趣和动力讲下去。

倾听的姿态可分为以下四类:

(1)身体反应,如微微点头、靠近对方、身体前倾等。这些表现暗含的是肯定性鼓励,表示自己对对方的谈话兴味盎然。

(2)恰当的姿势,如直接的面对面姿势、手托下巴、微欠上身、适当点头等,这些都说明对谈话有兴趣。跷二郎腿、抱着双臂、身体后仰、扭转头颅、背向对方等,则是不友好的表示。一位名人说过,最大的悲哀不是许多人咒骂你、抵制你,而是你说的一切、做的一切既没人赞同,也没人反对。这说的其实也是反馈的重要性。所以,在与员工的交谈中,勿忘反馈。这既是对对方的尊重,也是一种做人的美德,更是一种激励员工的技巧。

(3)丰富的表情。多笑一下,能鼓励别人说得更多、更深入;目光呆滞,表明你对谈话不感兴趣;而视线转移,则说明你心不在焉;眼光接触,既可表示对对方的尊重,也能从其眼神中读出更多的言外之意。

(4)善于利用谈话间隙。一个善于激励员工讲话的人还懂得利用谈话的间隙。如果一个话题结束,出现暂时的沉默时,最好能适当地根据员工谈论的话题插上几句,或者赞美员工几句,以免出现冷场的尴尬局面。

此外,还有一些办法,如在家里收听新闻,然后重复重点;在办公室每天花五分钟听同事的谈话,并记录下来,等等。在不同的环境中进行练习,倾听的能力将会得到迅速增强。

训练自己成为高层次倾听者

倾听并不是每一个领导者都会做的事情,只有正确而有效的倾听才是引爆员工潜能最重要的因素。如果你想成为一名高效率的倾听者,首先要了解倾听的三种类型并在实际的操作中加以运用。

(1)假装在听,实则走神的倾听。这种类型的管理者在与员工交流中完全没有注意说话人所说的话,看似在听,其实却在考虑其他毫无关联的事情,或内心想着如何来辩驳员工。长此以往,就会导致上下级关系的破裂、冲突的出现和拙劣决策的制订。所以,处在这一倾听层次的

领导最不会激励员工。

(2) 低效率的倾听。这类管理者往往只注意倾听所说的字词和内容，却错过了员工通过语调、身体姿势、手势、脸部表情和眼神所表达出来的意思。如此，便达不到激励员工的目的。

(3)高层次的倾听。这类管理者会在员工说话的信息中寻找感兴趣的部分，他们认为这是获取新的有用信息的契机。高效率的倾听者清楚自己的个人喜好和态度，能够更好地避免对说话者作出武断的评价或受到过激言语的影响。好的倾听者不急于作出判断，而是努力去体会对方的情感。他们能够设身处地地看待事物，以询问而不是辩解的形式进行交流，从而达成有效的沟通，并从员工的话语中得到激励。

养成良好的倾听习惯

如果你不擅长倾听，不妨让自己慢慢养成如下的倾听习惯：

(1)主动倾听。当你发现员工对某件事如工资、福利、工时等不满时，可以主动找他们谈心，倾听他们的意见和不满。

(2)专心而有鉴别地听。专心听员工讲话，会达到激励的效果；而有鉴别地倾听，则建立在专心倾听的基础上。如果不用心听，就无法鉴别员工传达的信息中，哪些是真的，哪些是假的，哪些有用，哪些无用。

(3)不要抢话。抢话是急于纠正别人的错误，或用自己的观点来取代别人的观点，是一种不尊重人的行为。这样不仅会打乱员工的思路，耽误自己倾听，还会因此而阻塞双方的思路或感情的渠道，不利于创造良好的谈判气氛。

(4)使用口语。不要总当自己是专家，不管跟谁说话都使用文绉绉的语言，要尽量使用简单的语句，如"呃"、"噢"、"我明白"、"是的"或者"有意思"等，来认同对方的陈述。通过说"说来听听"、"我们讨论讨论"、"我想听听你的想法"或者"我对你所说的很感兴趣"等，来鼓励说话者谈论更多的内容。

3.保持理性,诱导员工发表意见

情绪能使人无法进行客观的、理性的思维活动,而代之以情绪化的判断。沟通时,接收方的情绪会影响对信息的理解。因此,领导者在与员工进行沟通时,应尽量克制情绪并保持理性。一旦情绪出现失控,应当暂停进一步沟通,直至恢复平静。

员工误解或者对管理者的意图理解得不准确是沟通的最大障碍。为了减少这种问题的发生,管理者可以让员工对管理者的意图作出反馈。你可以观察他们的眼睛和其他体态举动,了解他们是否正在接收你的信息。你也可适当使用询问,使员工作出反馈。如当你布置了一项任务后,可以问:"你能明白我的意思吗?""你觉得有能力完成吗?"同时要求员工把任务复述一遍。如果复述的内容与领导者的意图一致,说明沟通是有效的;如果员工对领导者意图的领会出现了偏差,则要及时进行纠正。

当然,如果遇到员工退缩、默不作声或欲言又止时,也可用"询问"来引出员工真正的想法,了解员工的立场以及需求、愿望、意见与感受,并且运用积极倾听的方式来诱导员工发表意见。

面对不同的对象使用不同的语言

管理者要对员工的年龄、教育和文化背景有所了解,然后根据不同的情况,使用不同的"行话"和技术用语进行沟通。为了避免沟通障碍的出现,领导者应该选择员工易于理解的词汇,使信息传达得更加清楚、明确。在传达重要信息的时候,为了消除语言障碍带来的负面影响,可以先把信息告诉不熟悉相关内容的人,并确定他们可以理解、接受,这样才能让自己说的话被员工恰当地理解,从而达到激发员工潜能的目的。

面对面交谈

可以说,人与人之间最常用的沟通方式就是交谈。面对面交谈可

使信息在短时间内被传递,并得到对方反馈。但是在交谈中,要切忌多人口口相传,这是因为交谈过程中卷入的人越多,其信息的真实性就越小。所以,领导者在与员工进行沟通的时候应当尽量减少沟通的层级,越是高层的领导者越要注意与员工直接沟通,如此才能引爆员工的高昂热情。

在英特尔公司,为了使沟通的有效性最大化,高层领导者经常会应员工要求进行一对一的交流,而且交流的主题由员工确定。对此,高层领导者很少拒绝,他们估计自己有40%的时间都用在了这类沟通上。事实上,一对一交流可作为企业文化的一部分,也可当成是激励员工的一种方式。

直接、有效地告诉员工

素有 "世界第一CEO" 之称的GE前总裁杰克·韦尔奇曾这样说过:"我在各个大小会议上,或和员工私下聊天时,如果时间不恰当、气氛不恰当、对象不恰当,我是绝对不会开口的。如果这三个条件具备的话,我常会以 '我觉得'(说出自己的感受)、'我希望'(说出自己的要求或期望)为开端,以'同时'(变相反驳)为转折,结果常会令人极为满意。"

其实,这种行为可以帮助我们在不直接反驳员工的情况下,有效、直接地告诉员工自己想要表达的意思,让对方得到被尊重的满足。这种行为还能有效地帮助我们建立良好的上下级关系。作为管理者,为了使沟通的有效性最大化,不妨试试这些技巧。

对领导者来说,工作不仅仅是为企业的经营策略、业务数量、客户关系等问题而殚精竭虑,还要学会与员工进行有效沟通,并尽量使这种有效性最大化。除了文中提到的方法外,自信的态度、体谅员工的行为等都是促使沟通更为顺畅的有利因素。

有效沟通可以使任务完美地传达下去,激励员工的士气。再好的想法,再好的激励机制,再完善的计划,一旦离开了与员工的有效沟通,都是无法实现的空中楼阁。

非正式沟通是很多企业领导者经常使用的方法。所谓非正式沟通,是一种通过正式的规章制度和组织程序以外的其他渠道进行的沟通。这种沟通能够使员工时时刻刻感受到管理者的存在，感觉他们是在为一个很有人情味的企业工作，并体会到管理者对他们的关心和了解。这能够让上下级之间畅通无阻地交流，互相理解、紧密合作，以至最大限度地发挥团队作用。杰克·韦尔奇曾创造过许多别具特色的管理方法，"便条式沟通"就是比较经典的一种非正式的沟通方式。这种沟通方式，能让员工感受到他的存在以及企业的温馨。但其缺点表现在：难以控制，传递的信息不确切，易于失真、曲解，而且，还可能导致小集团、小圈子的形成，影响人心稳定和团体的凝聚力。

所以说，管理者在使用非正式沟通时一定要能放能收，控制好整个沟通的过程。

掌握一定的批评原则

不是所有的抱怨都是正确的，一旦发现了消极的抱怨，就要及时批评。而要达到这样的目的，就要掌握几个批评的策略。

(1)幽默式批评原则

管理者批评自己的下属时，可以使用一些富有哲理的故事、双关语、形象的比喻等，以此缓解批评时紧张的情绪，启发受批评者思考，从而增进相互间的感情交流，使批评不但达到教育对方的目的，同时也能创造出轻松、愉快的气氛。

伏尔泰曾有一个懒惰的仆人。一天，伏尔泰请他把鞋子拿过来，鞋子是拿来了，但却布满了泥污。于是伏尔泰问道："你怎么不把它擦干净呢？"

那个仆人说："用不着，先生。路上尽是泥污，两个小时以后，您的鞋子又会和现在的一样脏了。"

伏尔泰没有讲话，微笑着走出门去。"先生慢走！食橱上的钥匙还没给我呢，我还要吃午饭呢。"

"朋友，还吃什么午饭？反正两小时以后你又将和现在一样饿了。"

在这里,伏尔泰巧用幽默的话语批评了仆人的懒惰。如果他厉声呵斥他、命令他,就不会有这么好的效果了。

(2)启发式批评原则

要使对方从根本上、从内心深处认识到自己的错误,需要管理者从深处挖掘出错误的原因,晓之以理、动之以情、循循善诱,帮助员工认识、改正错误。

(3)"抓大放小"的批评原则

所谓的"大"指的是原则、价值观、绩效目标等,而"小"指的则是习惯、想法、思路等小细节。作为领导者,不可一味地盯着一些细枝末节不放,这会使员工感到厌倦甚至产生抵触心理。

批评与责备有很多讲究,对不同的对象要采用不同的技巧,也要选择不同的时机。作为领导者,一定要讲究艺术,把握好尺度,这样才能让你的批评艺术更具魅力。

下面是正确批评员工的一些要点。

(1)批评一定不要公开

有些管理者总觉得批评、责备人是件严肃的事,于是总会下意识地找个正规的场合,用比较严肃的语气和表情进行批评。需要提醒的是,如果你希望批评能够产生效果,并且不使对方产生反抗情绪,那么最好让批评"秘密进行"。

(2)批评必须是善意的

有句话说:"我们的批评应该是善意的,而非恶意的;我们的批评应该是激励,而不是打击;我们的批评应该是维护人的尊严,而不是辱没人格;我们的批评应该是爱而不是恨,是藏在严峻的外表下深沉、炽热的爱。"是的,由于批评本身就不是一件愉快的事情,如果领导者的批评再不是善意的,那就只能成为制造员工与领导者冲突的导火索。所以,领导者应注意自己在批评员工时的态度。

(3)只对事不对人

"对事不对人"的批评要点不仅容易使员工客观地认识自己的问题，让他们心服口服，而且也可避免让员工认为你对他有成见，更重要的是可以在部门内形成一个公平竞争的环境，使员工不会产生为了自己的利益去溜须拍马的想法。所以说，在批评员工时，要尽量对事不对人。

(4)批评的方式要委婉

委婉式批评也称间接批评，一般采用借彼说此的方法，声东击西，让被批评者有一个思考的余地。其特点是含蓄、婉转，不伤害被批评者的自尊心。

日本的"经营之神"松下幸之助有一次在公司餐厅招待客人，一行六个人都点了三明治面包。等六个人都吃完主餐后，松下幸之助让助理去请烤三明治面包的主厨过来，他还特别强调："不要找经理，找主厨。"

助理注意到，松下幸之助的三明治面包只吃了一半，心想一会儿的场面可能会很尴尬。

主厨来时很紧张，因为他知道请他的客人是松下幸之助。

"是不是有什么问题？"主厨紧张地问。

"烤三明治面包，对你已不成问题。"松下幸之助说，"但是我只能吃一半，原因不在于厨艺，三明治面包真的很好吃，但我已80岁了，胃口已大不如前。"

主厨与其他五位用餐者面面相觑，大家过了好一会才明白是怎么一回事。"我想当面和你谈，是因为我担心你看到吃了一半的三明治面包送回厨房，心里会难过。"

松下幸之助的这一委婉式批评，可以看作对主厨的激励，这样做的好处是既顾及了员工的面子，又对员工起到了很大的鞭策作用。如此，员工也会体谅你的立场与好意，从而以积极的工作热情来回应。

(5)批评要具体

　　这就是说,要让员工明白受批评的原因,好达到以理服人的效果,因为没有人愿意接受不明不白的批评。同时,最好一次只就一件事情作出批评,不要将员工以前做错的事情再拿出来说事儿。要记住:批评的目的不是责备员工,而是激励他如何将事情做好。所以,领导者对员工进行批评时一定要具体。

TIPS:测试你的职场幸福指数

　　测试开始

　　1.我在公司里人缘不错。

　　a.的确

　　b.还好

　　c.一般吧

　　2.公司里有和我关系不错的异性同事。

　　a.悄悄承认

　　b.一般般啦

　　c.哪有这回事儿

　　3.我们大家经常在一起调侃说笑领导。

　　a.那当然

　　b.偶尔吧

　　c.很少,天知道谁是卧底

　　4.我会在工作时间偷偷在公司电脑上浏览其他网页(比如团购、论坛)。

　　a.那是自然

　　b.偶尔才敢

　　c.没这机会

　　5.除了工作需要,我一般不和主管聊天说话。

a.当然不是

b.偶尔也会套套近乎

c.本来也没什么可说的

6.总的来说,对于现在的工作和职位,你认为前途怎么样?

a.的确不错

b.只能说一般

c.懒得去想

7.平心而论,你对现在的待遇和薪酬还满意吗?

a.基本满意

b.总觉得还欠缺一点

c.当然不满意

8.在你看来,加班这回事儿真的很难忍受吗?

a.还好吧

b.那当然

c.换了是你,愿意吗?

9.你有没有特意去布置过你的办公环境或是电脑桌面?

a.我的地盘,我做主

b.怎么也得简单布置布置

c.凑合凑合算了

10.连夜赶一份非常重要的策划案,会不会让你很有成就感?

a.当然会

b.还好吧

c.谁关心

11.在你进入职场至今,有没有试着给自己"充电"?

a.一直都在注重自我提升

b.偶尔会关注一下这方面的信息

c.不太有兴趣

12.参加同学聚会时,你会不会向他们提起你的工作?

a.这从来都是个有得聊的话题

b.没得说的时候,拿来解解围

c.谁会聊这个

13.在非工作时间里,你会为工作的事儿心烦吗?

a.哎,已经习惯了

b.碰上肯定躲不开

c.只有老板才会为"工作"着急

14.休假时,如果主管打来电话,你会觉得心情很糟糕吗?

a.谈不上糟糕,正经事要紧

b.尽量搪塞一下就好

c.还有比这更倒霉的事儿吗

15.闲暇时间里,除了逛街、看电视、聚会这类事情,你有没有一些比较个性化的爱好?

a.那是我的最爱

b.有爱好,但没什么特别

c.工作已经够费时费力了

积分

以上选项中,a选项积2分,b选项积1分,c选项不得分。将你的得分相加,并对应相关解析。

23~30分

职场幸福感——颇高

和一般人相比,你有着颇高的职场幸福指数。这可是别人想学也学不来的,因为那源于你的性格特点。你有上进心,且为人处事认真负责,有能力又不乏创造力,凡事都以工作为重,可能还有点儿小小的完美主义。当然,像你这样一位职场达人自然也会受到来自职场本身的关注与回报。虽然工作能够带给你自我价值,但切记千万别让职场成为你的全部——每个职场得意的"白骨精"都有一段心酸的故事……

9~22分

职场幸福感——刚好

你目前的这份工作能切实带给你一定的幸福感受。无论是工作本身还是职场环境，或是与同事、领导间的人际关系，你都能泰然处之。对于这份工作的未来，你有着较为积极的打算，也能够清楚地认识到自己的能力与潜力。与此同时，在工作之外的时间里，你很好地经营着属于自己的生活。当然，总有一些无伤大雅的不如意，比如，同事间的摩擦，或是偶尔的小挫败，也可能是觉得薪酬总不能百分百让你满意——不过，你知道，这就是职场，也是最现实的人生……

8分以下

职场幸福感——略低

就目前的情况来看，你在职场中并没获得太多的幸福感。这并不是说你没有上进心，或是你的工作本身没什么前途，关键可能在于你自己与这份工作的匹配度。你没能在工作中找到真正属于自己的自我价值，甚至还不免饱受挫折。对待工作漫不经心的态度似乎也说明是时候考虑换换环境，或是静下心来打算一下自己未来的职场生涯了。

第四章

抱怨的顾客依旧是顾客

——如果碰到岩石，就会变成浪花

"抱怨"并非是顾客存心找茬，而是由顾客内心发出来的重要信息，一种既难得而又贵重的讯息。

"良药苦口"的确是一句金玉良言，但总是遭到别人的抱怨也不是一件好受的事。更何况，顾客如果是针对自己的态度或措辞来大加挞伐，任何人都没办法不生气。

但是，回过头来想一想，当顾客抱怨的时候，如果我们能真正反省自己的态度和服务方式，不但可以提高我们本身待人接物的技巧，也会使我们的心灵得到快速的成长。

即使抱怨的顾客是顽固的岩石，企业也应该是浪花——最大的关键即在于如何"施"、如何"受"这两点上。

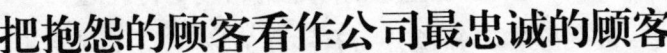

把抱怨的顾客看作公司最忠诚的顾客

　　顾客会花时间来抱怨，表明他们对公司还有信心。虽然有抱怨，但是他们仍然是我们的顾客。

　　在很多情况下，顾客抱怨并不是麻烦，而是在帮助公司提高竞争力。因此，我们应该把抱怨的顾客看作公司最忠诚的顾客。

1.把自己放在顾客的角度——有信赖，才有抱怨

　　从顾客的角度来考虑问题，你就能更好地接受"抱怨是金"这一概念。设想一下，当顾客抱怨的事情发生在你的身上时，你会怎么想？会有怎样的反应？你想从公司得到什么？什么能使你高兴？怎样才能让抱怨的你满意地离开公司？

　　想拆掉公司的顾客存在么？可能真的存在这样的人，但是这样的顾客毕竟是少数，公司不能对待所有的顾客都像防贼一样。据统计，大约1%至1.5%的顾客会有意地欺骗公司，大多数公司都把因这种顾客而造成的损失，当作开公司做生意的必需花费。如果其他的顾客发现，有顾客想通过虚假的抱怨来占公司的便宜，而公司却能很好地对待这些顾客，让他们满意而归，那么其他的顾客也会相信公司。因为公司对这样无理取闹的顾客都很好，如果自己消费的产品或服务出现了问题，公司一定会给予更优质的服务。

　　最近，亚洲的一家航空公司针对顾客抱怨这一问题，专门对客服部门进行了培训。被请来做培训的顾问建议公司这样做：当客服部门收到

乘客的抱怨信时,要及时地给予答复,并给顾客一张机票打折卡。

公司的员工对这条建议感到很吃惊,如果顾客想占公司便宜怎么办?

这个顾问让公司从真正抱怨的顾客的角度看待问题。

首先,一般的顾客不知道公司有这样的政策,所以不用担心会有成群的顾客为了要打折卡而找借口抱怨;其次,如果你给顾客一张打折卡,那就意味着他们会再次成为公司的顾客,这样公司就有机会提高服务质量,留住这些顾客,并且使他们成为公司最忠诚的顾客。

如果公司以一种怀疑的姿态来对待抱怨者,那么抱怨者会马上反驳;更糟糕的是,顾客会什么都不说,转而愤怒地离开,但他们会把这一切告诉他们所有认识的人,这样公司就没有机会为自己辩护了。

有些抱怨的顾客缺乏社交的技巧,他们抱怨时会表现得很不恰当,他们看起来很紧张、很严厉、很愤怒,甚至有点愚蠢。这时,客服人员一定要注重他们抱怨的内容,而不要介意他们的表达方式。这就需要客服人员把顾客的抱怨看作一份礼物,但不要在意礼物用的是什么包装纸。

王先生带着孩子到附近看庙会,在浏览摊位商品时,孩子吵着要买一辆大约30元的玩具小汽车,王先生当时没怎么在意,就买给了他。

可是到了第二天,不知道是孩子的玩法太粗野,还是玩具车的齿轮没有接合好,车子一动也不动了。王先生非常无奈,只好笑着安慰一直耿耿于怀的孩子:"没办法,这是地摊上买的,过几天再买一个好的给你。"

几天后,王先生在公司附近的一家玩具店里看到了同一款式的小汽车,就如约再买了一辆给孩子。这一次售价是35元,比上回贵了些。孩子很高兴地玩了起来,可是到了第二天,车子又不动了。

王先生在得知孩子的使用方法无误之后,判断所买的玩具车是有瑕疵的,于是下班回家时顺道去玩具店理论。结果,换了一辆新的玩具汽车回来。可想而知,王先生的孩子一定非常高兴。

看了这个实例,你有何感想呢?以几乎同样的价格买了同样的玩具,而且同样在第二天出了故障,而王先生对前一个地摊货只是一笑置之,而在玩具店买的汽车却使他决定去找店家理论。

当然,同样的玩具连买了两次都出现故障的巧合以及后者价格贵了5元等因素,可能对王先生或多或少都有些影响。但是,这里该强调的一点是,王先生对地摊以及专卖店有着不同的期待与信赖感。也就是说,因为对地摊原本就采取不信赖的态度,所以对地摊货和服务的品质也就不抱任何期望了。

然而,百货公司或者一流的专卖店就不同了。因为这些商店的信用高,所以顾客也会期待获得与其相符的商品和服务水准。因此,纵使商品及服务已达到良好的水准,几乎可说是"零缺点",但只要与顾客先前的期望有出入,就会立刻有抱怨的情形发生。

正因为如此,面对同样的商品及同样的服务,有些顾客产生的反应可能只是一笑置之、自认倒霉,但有些人就会提出抱怨。

其实,遭到顾客严重的抱怨,反而代表这家商店值得信赖。可是,如果以此为依据,把"抱怨"当成顾客对商店的信赖与期待,那就会产生一个奇怪的理论:遭受抱怨越多的商店就是愈值得信赖的好商店!

果真如此的话,可就令人头疼了!再怎么说,顾客的抱怨一定是越少越好,哪有越多越好的道理?

事实上,抱怨的确是信赖度的表现,然而,这些"期待"与"信赖"并非消费者的主动意愿,而是这些商店为了使顾客信赖、期待,而兢兢业业、努力不懈之下苦心经营的成果。因此,当顾客对于他们一向信赖而又抱着高度期待的商店产生精神上或物质上的不满与愤怒时,就会很容易将之表面化,也就是直截了当地产生"抱怨"。

因此,抱怨的定义可以这么说:所谓"抱怨"是顾客对于某商店(企业)的信赖与期待,同时也是该商店(企业)的弱点。对商店或企业而言,抱怨当然是越少越好。由于这些抱怨正是公司的弱点所在,因此,要想改善公司的经营和素质,健全制度,就必须先处理这些由顾客心中产生的抱怨。

2.弄清楚顾客抱怨的类型,别草率处理

顾客的抱怨一般分为四类:

发言者

在我们看来,在不满意的客户当中,最值得接受的就是发言者。当他们感到不满时,便会告诉公司,以帮助公司尽力改善服务和产品。发言者会让公司知道,当某些事情令他们感到不愉快的时候,他们一般不会出去向一大堆其他人谈论令他们不满意的服务或者产品。

发言者对于如何弥补他们的境况很感兴趣。如果公司没有妥善地解决他们的问题,他们可能会转变成行动主义者。公司要尽可能将所有心怀不满的客户转变成发言者,然后满足他们的要求。因为他们真的会使公司受益匪浅。

被动者

很多公司都设立了减少客户投诉数量的目标,这样的公司可能会选择被动者作为最佳客户群。公司为这些不投诉的被动者提供劣质的服务或产品,而且这些客户过段时间还会回来。此外,他们不会告诉其他人,不会对公司声誉带来不利影响,最重要的是,他们不会向公司投诉。员工们也因此会对自己公司的服务和产品感觉良好,从而忘记客户的感受。

但不幸的是,这样一类群体不会给公司带来积极的口耳相传的广告效应。因为这些客户很被动,他们可能不会谈论消极的话题,但是毫无疑问,他们也不会成为忠实的拥护者。我们也不知道,过渡到其他等级之前,这群客户还能被推进到什么程度。被动者也被称为中立者,他们要等其他更糟糕的事情发生之后,才会采取行动。要激发这群客户的热情需要花一些时间,但是一旦他们内心的火焰被点燃,便会对公司的声誉带来致命的损害。

对于公司如何才能改善他们的产品或服务以满足客户的需求,被动者也不会分享他们的想法。公司如果想提供更高质量的产品和服务,就必须实施战略,让这一类型的客户乐于说出他们的不满。

愤怒者

在四种类型的客户当中,愤怒者是最致命的。在很多情况下,他们不会对服务提供商或者公司说些什么,但是他们会告诉很多人公司的服务有多么糟糕,并且不会再从这家公司购买任何东西。他们不会再回来,公司也就没有机会重新赢得他们的忠诚度。此外,公司也永远不会知道这些客户究竟发生了什么事情。他们只是离开,把业务带到了其他公司,还一直谈论着原来那些糟糕的体验!

一些行业和其他行业相比,容易产生更多的愤怒者。例如零售行业,即使某些零售商店销售的物品价格相对高,他们也很少会直接听到顾客的抱怨,因为顾客会觉得,为了一美元或者两美元的东西去投诉或者惹麻烦是不值得的;旅游者也很少向旅行社投诉。相关报告指出,在和旅行社、酒店或者汽车租赁公司有矛盾的旅行者当中,有55%的人会选择保持沉默和忍气吞声。

珍·奥特(Jean Otte),美国汽车租赁公司的前任质量经理这样解释道:"很多人觉得投诉没有什么好处,而其他人则因为太忙或者不想被羞辱,所以也不会去投诉。"但是,当你把一群经常旅游的人聚集到一起时便会发现,他们最喜欢谈论的话题之一就是在旅行当中发生的不愉快的事情。

公司把客户投诉的反应大致分为两种:公开的和私人的。公开的反应是向公司投诉以及向第三方投诉;私人的反应是采取一些私人行为,例如联合抵制某家公司或者产品以及对公司进行负面的评价并广而告之。研究发现,很多公司将这种私人的反应看作客户不自信的行为,因此认为它们并不重要,也不值得引起管理人员的重视。换句话说,很多公司忽略了这类愤怒的客户群体,而这类消费者对于公司的健康发展却是最关键的。

行动者

行动者甚至可能比愤怒者更加具有危险性，尤其是如果公司对他们的原始投诉没有给予满意的回复，就会刺激他们对公司进行报复。这些人要的不只是赔偿——尽管赔偿也的确是他们采取行动的部分动机——他们可能会把公司的劣质服务向每个人传播，并且永远都不再光顾这家公司。

面对这四种类型的抱怨者，公司若没有适当地弥补劣质服务，或者抱怨处理政策不当，都会产生恶性连锁反应，让产品及服务品质进一步恶化，增加市场风险。

基于最坏的情况，差劲地处理抱怨会产生不满意的客户并且失去客户，促使每个人产生负面的态度。

这一过程依次是：

(1)顾客带着不满意的情绪离开。他们会成为"坏形象大使"，向认识的人诉说不满。

(2)公众开始认为企业是一个不愿意接受抱怨的地方，因为他们会假装看不见、听不到。

(3)顾客停止抱怨，企业也就失去了了解怎样提高服务水平和满足顾客需求的机会。

(4)产品和服务质量不再提高，从而导致更多顾客不满意。

(5)继续光顾这家企业的顾客是为了更低的价格，而公司则会被迫保持低利润竞争，同时令顾客认为，公司是因为产品和质量下降才不得不如此。

(6)为不友善的顾客服务时，员工会感到不满。

(7)员工越来越感到他们仅仅是拥有一份工作，一份坏工作。那些找到其他雇主的员工会离开，从而带走企业的经验和技能；而留下的员工则缺少动力、自信、信任感以及忠诚的顾客。

(8)随之，更多顾客带着不满意离开，把他们的看法告诉见到的每一个人。于是恶性循环产生了。

很多公司都不会正确评价失去顾客的实际损失。他们可以确切地说出他们怎样赢得顾客和花费的成本，却不了解他们正在失去多少顾客、为什么失去以及失去顾客的成本。

TNT全球速递公司把处理投诉作为一项任务，它拥有一个全球范围的报告系统，会无一例外地显示出所有的失败细节，并且每周深入跟踪并分析原因，帮助发现存在于包裹传送系统中关键性的不满意问题。TNT公司接受了美国技术调研机构(TARP)的调查研究，结果证明，如果TNT公司收到一份投诉，那么就可能存在27份没有表达的抱怨。中国香港地区总裁阿德里安·霍尔(Adrian Hall)采取全面评价所有失败的态度，不光只看收到的抱怨："要从沉默的27人中争取到更多的顾客。"各经理人将公司找出的总体缺失转为适合各部改进的个别资料，进而定义出员工应采取何种明确行动以求改进。

TNT公司是如何获得这一点的呢？公司成立了一个强有力的员工小组，他们竭尽全力使顾客满意。为了把顾客放在首位，公司向每一位员工强调，要反映顾客投诉的问题。而且，公司授予了员工处理投诉的权利，并要求他们每周对投诉的数量进行追踪，但不以降低投诉数量为目标。

霍尔曾经询问一个雇员他的工作是什么。员工回答道："运货小弟。"这名员工53岁，他认为把自己看作是小弟更能发现顾客的需求。因此，霍尔将"运货小弟"变成了"质量服务代表"。霍尔为这些新产生的服务代表设立了目标，并为这项工作建立了数量和质量方面的绩效考核系统，每年霍尔都会考核他们是否符合资格。

通过关注投诉数据，公司客户服务的水平得到了显著提高，准时递送率提高到了96%，跨城快递准确率达到了97%，邮件丢失率下降了78%，延误期下降了86%；另外，旷工率也有了明显下降，大多数的质量服务代表都开始为他们的表现和服务而感到自豪，同时也降低了员工的流动率。总之，现在TNT公司在整个香港的成千上万个邮件运输的准时

率平均高达96.4%。更值得一提的是,在实施该计划后,TNT公司的税前利润,在两年间高出了81个百分点。

TNT公司的经历充分证明了听取顾客投诉可以建立良好的市场连锁反映机制。

面对顾客的抱怨,公司应该思考的问题:

(1)你把客户投诉看作市场的信息吗?

(2)你通过倾听客户投诉来了解你的公司吗?

(3)你公司的客户数据是什么?你是否考虑过客户投诉?

(4)如果你计算投诉量,你是否会乘以一个符合你企业类型的不投诉客户的指数?

(5)你是否会将这些指数与你拥有的客户总量相比较?

(6)你获得新的客户所花费的成本是多少?

(7)你去年失去了多少顾客?这些顾客是谁?

(8)有多少顾客认为你的产品值得终身购买?

(9)你的顾客在市场上是怎样评价你的?你是否有适合的计划来管理"公众言论"或者是口碑?

3.付诸实践——感谢抱怨你的顾客

学会说"谢谢"

不要想客户的抱怨是否合理,而要把抱怨当成有价值的信息——一份礼物。我们需要马上协调与客户之间的关系,并且站在他们的角度来考虑。而若要让某人觉得他受欢迎,没有什么比说"谢谢"更好的了。

你的感谢之词应该自然而然发自内心,就像你收到礼物时所表达的感谢之情一样,通过你的肢体语言向对方肯定你欣赏这些抱怨,并支持你的客户享有抱怨的权利。眼神的交流,一个充满理解的点头,还有一个友好的微笑都能产生奇妙的效果。记住,一个微笑甚至能通过电话传送。

当公司代表就投诉信写回信时,总是以"谢谢您告诉我们关于……"之类的话开头。如果这是一种符合逻辑的写投诉回信开头的形式,那么为什么不能用一种更口语化的方式呢?

这句"谢谢"不足以好好回复投诉,但却能成为双方良好沟通的基础。为了让你的回复看起来不那么敷衍了事,你必须做得更多。

解释你为什么对抱怨心存感激

"谢谢"就其本身而言是很空洞的,你得真正说些关于你是怎样听取抱怨的,才能证明你说"谢谢"是合理的,这也能使你能更清楚地知道问题所在。

尽管大声宣扬不好的东西对于我们有很大的杀伤力,但你应该有这样的想法:"谢谢你告诉我这个情况,你可能不会相信有多少顾客不跟我们说任何不满意的话就走了,这很可能会使我们失去他们。不仅如此,他们会向其他人说我们的恶劣服务,并且不给我们机会知道他们的不满。我们非常想做些努力,因为我们很看重顾客。我们试图与每位客户保持长期联系,这样我们才能发展我们的业务,也才能更好、更尽心地服务于所有的顾客。这就是为什么我们真心感激你能抽出时间指出我们的不足。谢谢,真的很谢谢你。"

如果你能在脑海里保持这个态度,简单地说:"谢谢你。我很高兴你能与我分享这些抱怨,因为它给了我一个提高我们服务质量的机会,而这也是我想要达到的目的。"或者更简单地说:"谢谢你让我知道。"也一样可以。

为过失道歉

向顾客道歉是很重要的,但这不应是第一步。你可以先说"谢谢,我很感激您告诉我这些。"来创造与顾客的良好关系。然后再道歉:"我可以道歉吗?发生这样的事,我真的很抱歉。"

很多人在顾客有机会解释细节之前就开始道歉,他们甚至不知道

第四章 抱怨的顾客依旧是顾客

为什么道歉。道歉确实很重要，但一开始谈话就道歉对顾客来说是无效的。更有趣的是，调查显示，大约一半的服务人员不在任何交流服务中道歉。

大多数公司和许多客户服务手册都建议服务人员先道歉，如果这是你公司的要求，那么就按照你公司的规定去做。我们坚信，以"谢谢"开头，对说者和听者都强调了不满是一种礼物。这种方式更符合逻辑，也更鼓励顾客给出其他反馈意见。

你可以试着做个试验，叫一个人在你抱怨之后感谢你，然后注意你的心理反应。在我们最近"抱怨是金"的课程里，完成了"礼物公式"课程后，一个参与者使用了旅馆的一个房间。这个房间特别脏，因此参与者便向赶来的服务员投诉。"谢谢你让我知道，"这名工作人员脸上挂着微笑，"我会尽快处理。"这位参与者走进课堂后告诉了我们这件事情。"哇，我的抱怨能得到感谢，这种感觉太好了。以前，那些人通常会让我觉得，当我抱怨时，应该道歉的人是我。"他说。

顺便提一下，道歉时，应尽可能使用"我"而不是"我们"。"我们很抱歉"听起来不正式，其他人怎么会知道发生了什么事，顾客对这些小细节还是很敏感的。

客服人员的典型问题是："为什么我们要为明显是顾客错误的事情道歉。如果我道歉，是不是就意味着我要对顾客自己做错的事情负责？"如果你知道一个家庭里有人去世了，一个自然和礼貌的表示是："我很抱歉。"你说这些不是表示要为他人的死负责，而是表达你的遗憾和悲痛。同样，当我们告诉顾客我们对于已发生的某种事情很抱歉，那么谁对谁做了什么，或谁引起了什么、发生了什么并不重要，我们只是简单地希望它不要再发生，顾客也将感激我们的关心。

承诺对当前问题及时作出努力

如果你已经道歉了，那么不要马上问任何事情，也不要立即与顾客开始会谈。恢复好的服务有两个方面：心理上的和实质性的。

心理特性帮助每个人从不愉快的环境中慢慢变得舒服；实际的行

动则是改变当前的状态。

你只需简单地说："我将尽我最大的努力尽快处理好您的不满。"顾客就会放松下来，因为他们知道你将会为之付出行动，当然，你也必须采取点行动。实际行动这一阶段需要花费时间和金钱。

当你一开始使用这些步骤时，可能会觉得麻烦，你的语言可能会不够平和，也许你需要一些时间去组织好你的语言。但经过实践，你会觉得这样做很容易、很真诚，也充满了感激。

询问一些必要的信息

此时，你要说的是"为了让我能更快地为你提供服务，你能给我些信息吗？"而不是"我需要些信息，否则我不能帮你。"你是一个要求顾客给予帮助的人，他们是赠予你礼物的人。

你应在他们来找你之前知道他们需要获得帮助的信息，这必须成为你们公司投诉处理系统的一部分。你应确定你问到了足够的信息，否则你需要打电话向投诉者询问。有时候，你在这个阶段将知道什么是真正让你的顾客所烦恼的。顾客们可能会告诉你某一件事，你要相信他们确实遇到了困难，但你需要多问几个问题，以便找到真正的问题所在。

询问顾客怎样才能满足他们的要求和使他们满意，或者问他们，如果你按照他们所提的要求去做一些特殊的处理，他们是否会满意？有时，他们只是想让你知道发生了什么事，而并不需要你做什么。

迅速地纠正错误

一个紧急问题的解决会让顾客心存感激。快速地针对顾客的问题作出反应，表示你很在意恢复好的服务。而且，尽快处理也能取得与顾客间的平衡。

检查客户是否满意

打电话给顾客，让他们说出不满的经过，并直接问他们怎样做才能使他们满意。如果你这样做了，你的顾客很可能会继续跟你合作。合适的话，你可以告诉他们今后将怎样做以避免类似的情况发生，这会让他们感觉到你的诚恳，使他们愿意帮你解决问题。

你可能会说，这会使你花费很多时间。实际上，你所要做的通常不过是一个简单的电话而已，也就是这个询问电话，会让顾客长久地记住。你甚至可以不用打电话，只需要通过电话留言或者以电子邮件的方式将要表达的信息传递给顾客。

有个作家买了辆很贵的新车。她把车开回家后发现，车的后备箱不能很平稳地关上，甚至有自动弹回来的倾向。有两次，她发现在行驶过程中，后备箱竟然自动弹开了。当她的车做最初1000公里车检服务时，她提了这个问题，经销商也答应会帮助检查。但当作家去取车时却发现，他们把后备箱修理得太好了，以至于按下弹簧锁都打不开了，于是她只能将车开回了家。

试想一下，如果经销商在帮她修车后的几天里询问她的车是否一切正常，那就会显示经销商对于非常规问题，也照样能提供人性化的服务，同时也体现了这辆车值这个价；如果经销商能打电话问一下她对车的满意度，她便能为经销商提供关于车的后续信息。可她现在每次看到那打不开的后备箱，都会记起提供给高档车的劣质服务，这会使她觉得经销商都以同样的方式修车，那些广告里说的漂亮话仅仅是为了吸引顾客，实际上全是骗人的鬼话。

你可能会说，对于顾客此种类型的注意会消耗掉公司很多资源，请想想打个电话要花多少时间吧！如果这是一个让顾客觉得自己与经销商形成了一种合作关系的机会，那便值得花费时间和金钱。这位作家或许会告诉你，她原本打算下次再从相同的经销商那里购买汽车，也将成为汽车制造商的良好形象代言人，但基于经销商如此对待她简单的后备箱问题，她将不会再光顾这个经销商。比起高昂的电视和印刷媒体的广告费，一个电话的作用要大得多。

避免今后犯类似错误

通过有组织、有计划地让投诉被知晓，可以在今后避免发生同样的问题。操作这个系统不能急于责备员工，而是要检讨公司在处理投诉时的运作过程。如果让员工知道自己只是顾客投诉的途径，那么投诉将更可能送达管理层。

为了使投诉真正成为公司的礼物，最根本的因素就是投诉必须被发现。在加利福尼亚州帕罗奥多的惠普公司，一位令客户满意的主管人员说："我们保证我们一直在听，而不是在事情真正发生后才开始采取行动。"

顾客抱怨是企业的"治病良药"

企业成功需要顾客的抱怨。顾客抱怨表面上让企业员工不好受，实际上却给企业的经营敲响了警钟，告诉他们的工作什么地方存在着隐患。只有解除了隐患，才能赢得更多的顾客，同时保留着忠诚的顾客。顾客与企业之间有着"不打不成交"的经历，他们不仅是顾客，也是企业的亲密朋友，善意的监视、批评、表扬，都表现出他们特别关注和关心企业的变化。如此看来，顾客的抱怨不是极好的事吗？企业应该求之不得才是。

如果企业换一个角度来思考，实实在在地把顾客的抱怨当成一份礼物，那么企业就能充分利用顾客的抱怨所传达出来的信息，把企业做大做强。顾客的不满是企业改善服务的基础，企业要想成功，就必须真诚地欢迎那些提出不满的顾客，并使顾客乐意将宝贵的意见和建议送上门来。

1.调查：为什么大多数顾客不抱怨？

什么是抱怨？

简单地讲，抱怨就是一个关于期望没有被满足的声明。更重要的

是,对于客服部门来说,这是一个解决顾客不满的好机会。从这个角度来看,抱怨是顾客给商人的一份礼物,公司应该仔细地打开这个"大礼包",看看里面装的是什么,这样公司一定会受益匪浅。

从表面上看,顾客是在抱怨他新买的毛衫缩水或者是褪色;但从深层次上看,他其实是给卖他毛衫的商店提供一个解决问题的机会。如果卖家能够圆满地解决问题,那么他就会继续在这个商店买更多的衣服。

从表面上看,顾客是在抱怨她新买汽车的后备箱关不严;但从深层次上看,她是在说:"如果你们把这个小问题处理好,那么我下一辆车还会在你们这儿买。"这正是顾客给售车商出的小测试。

从表面上看,顾客是给他们的保险代理打电话,质问他们:"为什么这么长时间了,这么小的一个问题都还没有处理好?"但从深层次上看,顾客是在提醒保险公司:"你们有竞争对手,你们需要改革现有的模式,以便能够适应市场的竞争。"

大多数的客服人员理解的都是抱怨的表面含义,而没有意识到深层次的意义,致使他们失去了很多客户。

如果客服机构能够以一种开放的态度和灵活的观点来聆听客户的抱怨,慢慢地,他们就会把抱怨当作礼物。

但不幸的是,大多数人都不喜欢听到抱怨,甚至都怀着一种不耐烦的情绪来听取抱怨。这就导致顾客的抱怨越来越少了——这并不是一件好事情。

为什么顾客不抱怨?真的是因为企业的服务够优秀?这样想就错了。

(1)客户由于投诉而受到责备

"你把它搞砸了,你应该早点来投诉。你带来的保修卡是错误的,你还没有给我们品质保证卡。"客户感慨:"他们的保证卡没有任何意义。"

(2)承诺没有兑现

服务提供者承诺会及时纠正错误,但事实并非如此,和广告中宣传的反差极大。客户反映:"他们根本就不履行自己的承诺。"

（3）根本没有回应

这种情况发生的概率比你想象中的更加频繁。对于客户的投诉，公司不回电话，也没有其他回应。客户有时候会打好几个电话，每一次都被告知公司将会及时和他们联系，但却什么回音也没有。客户无可奈何："忘记这回事吧。这些人只想要我们的钱，然后他们就什么都不管了。"

（4）粗鲁的待遇

很多客户都被粗鲁地对待过，公司把基本的礼貌都抛到了九霄云外，使客户受到了侮辱。在极端的情况下，客户会觉得自己就像个罪犯一样。"没有人向我们投诉过这些。"公司的代表可能会这么说（但这并不意味着没有人想这么投诉，它只意味着还没有人来投诉过）。客户会表示："我以后不想和这些人有任何瓜葛。"

（5）被推托给其他人

"我无法帮助你。你必须去楼上（跟另外一个人说……写下你的意见，然后把它们送到另外一个地方……）；我们只是分销商，你必须跟厂家联系。"客户只好表示："为什么他们把事情弄得这么困难？他们不想听我的意见么？"

（6）逃避个人责任

"我没有做过这件事情，这不是我的责任。我想要帮助你，但是我不负责处理这件事，我只是在这儿工作，规定并不是我制定的……不是我给你服务的……而是我的同事……这责任是供应商的……或者是因为我们的货运公司……寄信人……我们愚蠢的政策……我的坏经理……或者是糟糕的天气……您还指望我能做些什么呢？"客户说："这些人马上就走开了。没有人想要承担责任，所以他们把我交给了下级员工，他们什么事情也不能做。"

（7）非语言的拒绝

有时候，虽然接受了顾客的投诉，但工作人员的态度却不好，显得没有耐性，让顾客觉得自己是在浪费时间。也许他们更希望做点别的事

情,而不是倾听客户喋喋不休地抱怨。这种态度并没有偏离接受客户投诉的主题,但是整个气氛却很清楚地传达了一种拒人于千里之外的信息。顾客评价说:"他们说要听我投诉,但是做起来却不那么令人愉悦。"

(8)顾客采访

在想要寻求帮助之前,顾客会被问及一长串的问题:"你叫什么名字?你的住址在哪儿?你什么时候买的这个物品?谁为你服务的?谁那样告诉你的?你支付的是现金吗?你的收据在哪儿?你有没有ID?"也许公司需要问这些问题,但这并不是一个开始修复服务过程的好方式。顾客会说:"我只是想让我的钱花得更有价值,为什么他们把我当人质一样对待?"通常情况下,这样的顾客采访会导致顾客审讯。

(9)顾客审讯

公司常常怀疑顾客的动机、能力,或者是否有来投诉的权利,这使得顾客常常从属于第三等级的地位。"我怎么能肯定你说的是真的?你确定是在我们这儿买的吗?你读过说明书没有?你按照说明书操作了吗?你确信你没有摔过它?"这种审问常常会这么结尾:"任何人都可以那样要求,你难以想象已经有多少人告诉过我们这样的故事了。"任何人都可以编这样的故事,顾客顿时无语了。

(10)公司体制

顾客并不愚蠢,他们能直接感觉到第一线员工给予的无礼对待,他们也会发现那些让他们不去投诉的细微的线索。有时候,几个线索会马上发挥作用。如果顾客坚持要面对所有阻碍他进行投诉的事情,那么他们可能会给公司带来很严重的问题。公司通常会通过这几种方式让顾客无法进行投诉:人们不知道去哪儿和怎样投诉,要经过一番激战才能解决投诉问题,问题的解决不了了之,或者公司的保证不总是奏效。

人们不知道去哪儿和怎样投诉

一些零售商店没有清楚地告诉顾客客户服务部门在什么地方,顾客不知道上哪儿找相关工作人员咨询问题,或者工作人员也不知道应该指引顾客去找哪个人来解决问题。于是,顾客只好去找经理,但是经理可能又会让他们去找客服中心更换产品，而客服中心并不能将客户的投诉反馈给管理层。

顾客可能从电话簿上查到公司的电话号码，然后打电话过去，接电话的往往是接线员，而他们并不知道客户的投诉电话应该转接给谁。接线员可能会把电话随便转接给任何人，那个人又转接给另一个人，他们都不知道该把这样的投诉电话转到哪儿。顾客最后终于发怒了，要求直接和公司的高层领导对话，但这么做对于解决顾客最初的投诉可能根本没有必要。

你自己可以做个试验。走进一家零售商店，你可以问工作人员哪儿能受理顾客投诉，看看有多少个工作人员知道该上哪儿投诉，有多少会付出努力直接帮你快速地解决问题；你也可以给你所在区域的公司打电话，告诉接电话的人你要投诉他们公司的产品，问问他你该找什么人解决问题；然后再给一家大公司打电话，可能是一家《财富》500强的公司，问问接电话的人你的投诉信应该投递到什么地址。根据我们的经验，除非你很幸运，否则这些问题很可能得不到快速而肯定的回答。

要经过一番激战才能解决投诉问题

公司可能会要求顾客在特定的时间段内跟投诉部门取得联系，而这些时间段恰好是顾客正常工作的时间；顾客可能还会被要求填写很多复杂的表格，而这些表格根本就没有地方让顾客列出自己想要投诉的问题。

一些公司给顾客留下了这样的印象：投诉将会给自己带来很大麻烦，这会让公司的发展处于更大的危险当中。例如，很多高科技公司将他们业务的最后部分——产品支持外包了出去，所以当顾客打电话寻求产品支持时，他们不知道，他们并不是在跟生产这个产品的公司对话。

例如，顾客可能会在30天的免费保修期内拨打一家软件公司的客服热线，报告一个产品的缺陷，但是如果客户这个时候需要的不是产品的说明，而是产品软件的漏洞修复，那么情况会怎么样呢？客服人员会

告诉他,他现在联系的是产品支持提供商,而不是生产商,要报告一个软件的漏洞,他必须直接和软件公司联系,而这些客服人员也不知道该指引投诉者去哪儿投诉。这些顾客的动机作为一种反馈,会给这家软件公司带来什么启示呢?将业务外包出去的那些公司必须很小心地调整他们的投诉政策,这样那些卖家才能天衣无缝地实施这些投诉的处理措施。在整个产品使用周期当中,每一家公司都有必要设置专人负责调整投诉政策。

问题的解决不了了之

有时候,整个申诉体系都很健全,但是顾客提出抱怨之后,却没人回应。顾客遇到这种情况,往后可能就不会再提出抱怨了。

为什么顾客的投诉得不到回应?这个问题有好几种解释,有时候是因为位于前线的员工收到顾客投诉之后没有及时传达。组织行为的研究者发现,正如顾客不喜欢进行投诉一样,公司员工也不喜欢把这些投诉传达给组织的高层。员工们显然觉得,当他们把这些坏消息传达给上级时,意味着他们正在谴责公司的政策制定者。因此,他们对这些投诉不予重视,甚至责备顾客,并且完全不传达这些信息。另一些研究者也提出,正如前线的员工不愿意传达投诉信息一样,管理人员也不喜欢听到关于顾客不满意的消息。也许管理人员听到投诉的时候,会觉得烦扰和排斥。

2.体制:实施欢迎顾客抱怨的方针

顾客最讨厌听到的话通常是:"很抱歉,我无能为力,这是公司的规定。"实际上,很多企业根本就没有处理抱怨的政策,尽管书面上制定了政策,但却没有考虑到如何在行动上执行这些制度,让顾客尽情抱怨,最终让顾客满意,而是一心想减少企业的麻烦。

因此,企业必须制定相应的政策和制度,使顾客的抱怨能得到准

抱怨的技巧
BAO YUAN DE JI QIAO

确、及时的解决。

一、以顾客为中心制定有利于抱怨的政策

许多企业制定政策和制度的前提都是如何让企业运作得更顺利、更有效,这是把企业内部体系放在优先位置来考虑。例如:

(1)专为顾客而设的服务窗口的开放时间却并不方便顾客。很多顾客服务部门午餐时间都要关门休息,但对忙碌紧张的上班族来说,午餐时间正是他们方便退货的时间。

(2)退货程序要求顾客必须保存原始包装才能退。很多顾客家里都没有充足的空间来堆放多余的箱子,就算有地方,他们也不想在家里放一大堆没用的废物。

(3)保证程序要求顾客保留原始收据,否则保证书不能生效。

(4)对最初所购产品不满意的顾客不能享受售后的差价优惠。

(5)购买家用产品的顾客需要浪费很多时间在家里等候送货员或修理人员。企业通知他们:"技术人员会在下午一点到五点之间到你那里。"而今天的很多小家庭,在企业的正常上班时间,夫妇两人也都在上班,这种处理方式对他们十分不便。

(6)尽管顾客对某些烦琐的程序怨声载道,但企业依然如故。

由此可见,以企业为中心的政策,无疑为顾客流失和顾客抱怨提供了滋生的土壤。因此,企业制定为顾客服务政策时,首先要考虑到顾客是否愿意并且便于接受。如果是顾客不希望的事,要求变动或自愿选择时,有便利权吗?对所提供的服务不满意时,鼓励抱怨吗?企业应充分考虑顾客的利益,征求顾客的意见,制定出顾客乐于配合的管理政策。

二、企业内部协调,统一执行对顾客的政策

很多顾客都有这样的经历:最初向顾客提供服务的明明是某一个部门,最后却像踢皮球似的被推到另一部门去了。这种情况往往发生在汽车经销商的维修部、医院以及帮顾客运筹资金以便进行大宗采购的公司。这些企业最初向顾客提供的服务大多个人针对性很强,但是一旦到了另一个部门,就会变得很不明确,服务质量自然也会大打折扣。

波士顿咨询公司对美国企业进行的一项调查发现，企业内部几乎所有的活动(95%至99%)都与顾客无关。他们引用调查情况说，保险公司处理顾客的申请表平均要花22天时间。推算一下处理这些表格所需的时间，其实只需17分钟就行了。那么，另外多花的时间都耗在了哪里呢？答曰：签字、呈报、开会。对顾客抱怨的处理也是一样，如果企业能够协调好处理顾客抱怨的各个部门的职能范围，高效地处理抱怨，那么每个人都会成为赢家。

三、授权一线员工

现在，许多管理者都存在一种偏见，即一线员工的品质素质较差。在他们眼里，一线员工不可靠，一线员工只能按规范的方程式和程序为顾客服务。这种不信任导致管理者不敢向一线员工授权。

授权意味着一线员工不用去重复老一套的接待词，而可以根据情景和顾客的不同灵活地为顾客提供得体服务；授权也意味着一线员工可以立即处理顾客的投诉或抱怨，而不会因为处理程序复杂导致矛盾激化；授权还可以充分发挥员工的创造性、积极性和主动性，提高服务质量。因此，管理者应适当地授权一线员工，充分发挥他们的潜能去为顾客服务。

四、表彰和奖励受理顾客抱怨最佳的员工

有些企业的奖励制度与受理抱怨之间有矛盾。例如，某家企业为争夺市场而拼命宣传所提供的服务百分之百令顾客满意，但其销售部门却背道而驰。业务人员为了拉一笔生意常向顾客夸下海口，但企业对此却很少过问。业务人员一心只想把顾客的钱挣到手，而顾客有了问题，企业却不问不管，客服人员只好左支右绌。

有些企业急功近利，只顾短期利益，使顾客抱怨无法得到妥善的解决，企业甚至对这种行为进行表彰和奖励。例如，某位经理只要能迅速降低该部门的产品退货率，在短期内提高利润，就能获得奖金。

路易斯·葛斯特勒出任美国联通公司总裁时，曾经对这一问题发表过看法："这是大多数公司的内部不合理造成的，顾客服务人员既辛苦，又要承担费用上的风险,却没有得到一点好处。他们的优秀表现只体现在市场营销,尤其是对新产品的开发上,但他们本人始终得不到公司的回报。"

因此,公司要建立相应的表彰机制和员工自主机制,鼓励员工积极处理顾客的抱怨,并对优秀的员工予以奖励,使员工能够积极有效地处理顾客的抱怨,为建立高效的顾客抱怨处理体系打下基础。

五、及时准确地向管理高层传达顾客的抱怨

通常,一线员工能最先接触到顾客。如果企业不鼓励员工将来自顾客的信息传达给管理层,那么大部分的顾客抱怨在一线就会石沉大海;如果一线员工和管理层之间未能坦诚地交换意见,那么提高服务质量纯粹就是一句空话。

企业的高层主管一方面要尽可能与顾客进行面对面的交流,亲身体会顾客的愤怒,另一方面也要建立起监督机制,对顾客的抱怨从一线员工传达到管理层的过程进行监督,看看究竟有多少顾客的抱怨传达到了企业高层?这些传达到的抱怨是否准确?

如果管理层打算花更多的时间直接了解一线员工的情况,不妨深入员工基层走走看看。美国著名的沃尔玛超市的前总裁山姆·沃尔顿说:"我们最好的点子往往来源于送货员和库存员。"很有可能这些员工的灵感都是受顾客的抱怨所启发的。沃尔顿说,员工不能光凭嘴说,他们对顾客有多重视,关键要落实到行动中去。面对抱怨连天的顾客,管理层不妨时时提醒自己"以身作则"。

目前,为加快一线员工与高层主管的沟通速度,许多企业已将企业内部组织扁平化,减少周折,加快流通。企业内部结构的精简意味着不必花好几天,甚至好几周的时间将问题层层上报。如今,我们面临的严峻挑战是市场流通不断加快,这促使我们不得不加快处理顾客抱怨的速度。

3.行动：使顾客由不满到满意再到惊喜

仅有良好的政策方针并不能转变顾客的不满，积极并准确的行动才是关键。

企业必须培养具备高业务素质和高道德素质的员工，使顾客由不满到满意，再到惊喜。

(1)以良好的态度应对顾客的抱怨

处理顾客抱怨，首先要有良好的态度，这是处理顾客抱怨的前提。然而，要保持良好的态度，说起来容易做起来难，它要求企业员工不但要有坚强的意志，还要有牺牲自我去迎合对方的精神。只有这样，才能更好地平息顾客的抱怨。

(2)了解顾客抱怨背后的希望

应对顾客抱怨，首先要做的是了解顾客抱怨背后的希望是什么，这有助于按照顾客的希望处理，是解决顾客抱怨的根本。从表面上看，顾客向保险代理人抱怨说，她们打电话要求保险公司处理一个简单的问题，可等了好几天都没有回应；但深入地看，顾客是在警告代理人，保单到期后，他们会去找另一家保险公司投保。遗憾的是，许多公司只听到了表面的抱怨，结果因对顾客的不满处理不当，而白白流失了大量的顾客。

(3)行动化解顾客的抱怨情绪

顾客抱怨的目的主要是让员工用实际行动来解决问题，而绝非口头上的承诺，如果顾客知道你会有所行动，自然就会放心。在行动时，动作一定要快，这样做，一来可以让顾客感觉到受尊重；二来可以表达经营者解决问题的诚意；三来可以防止顾客的负面宣传对公司造成重大损失。

(4)让抱怨的顾客惊喜

四名来自欧洲的MBA学员到位于美国亚利桑那州菲尼克斯的Ritz Carlton酒店参加服务营销理论研讨会。他们想在即将离开酒店前往机场的那个晚上，到酒店的游泳池里轻松地度过几个小时。但是，当他们下午来到游泳池时,却被礼貌地告知游泳池已经关闭了,原因是为了准备晚上的一个招待会。这些学员向招待员解释说,晚上他们就将回国,这是他们唯一可以利用的一点时间了。听完他们的解释后,招待员让他们稍微等一下。过了一会儿,一个管理人员来到他们身旁解释道,为了准备晚上的酒会,游泳池不得不关闭。但他接着又说,一辆豪华轿车正在大门外等着接待他们,他们的行李将被运到Biltmore酒店,那里的游泳池正在开放,他们可以到那里游泳。至于轿车费用,全部由酒店承担。这四名学生感到非常高兴,这家酒店给他们留下了非常深刻的印象,也使他们乐于到处传颂这一段服务佳话。

由此可见,良好的处理方式不仅赢得了顾客的满意,也为企业宣传自己、改善自己提供了良好的机遇。

顾客抱怨是因为经营者提供的产品或服务未能满足他们的需求,顾客总认为他们的利益受到了损失。因此,顾客抱怨之后,往往希望能得到补偿。如果顾客得到的补偿超出了他们的期望值,顾客的忠诚度就会有大幅度提高,而且他们也会到处传颂此事,公司的美誉度也会随之上升。

所以,公司处理顾客的抱怨要遵守两点:补偿多一点,层次高一点。

TIPS:经典道歉案例

肯德基VS南昌:"对不起,我们来晚了!"

直到1999年,南昌还是一个没有肯德基、麦当劳、必胜客的城市。南昌的一位市委书记把引进麦当劳当作政府工作任务之一来抓,但是麦当劳没来。肯德基经过市场调查后认定,南昌经济水平没有达到开店标准,所以肯德基也没来。那时,全中国的人都还不知道南昌人是多么热爱美食。

1998年,一家西式快餐店开在了八一广场旁的工人文化宫。装修期间,它先打出了一条巨大的横幅:"麦当劳还是肯德基?"搞得英雄城的

好食者一阵激动，盼星星、盼月亮一样地等着它开门大吉。门终于开了，很像麦当劳和肯德基的经营模式和店堂，人们一拥而入，才发现它叫"多乐汉堡"。

南昌人觉得聊胜于无，于是爱屋及乌，"吃汉堡去"成了一句流行语，这也使"多乐汉堡"开出了3家分店。这是南昌人接触到的第一个洋快餐品牌。

之后，孺子路、叠山路、福州路、二七路、民德路、沿江路上的餐馆酒店蔚然成风，南昌俨然变成了一间大餐馆。在吃上，你根本看不懂南昌人到底有钱还是没钱。

2000年8月，百胜餐饮集团终于坐不住了，于是抱着试试看的心态，在八一广场开了南昌第一家肯德基店，并且做好了连续3个月亏损的准备。开张那天，肯德基打出了巨大的广告横幅："对不起，我们来晚了！"在百胜餐饮集团看来，这只是一句温馨而讨好的问候；但在南昌人看来，它释放了一个内陆省长达20多年的压抑情绪：江西人希望被外界接纳、与国际交融的极度渴望。

如火的8月，排队等候就餐的人流顶着烈日暴晒，从早到晚排在肯德基门口，在马路上排起了上公里长的队。当天，肯德基全球单日单店营业额最高纪录诞生了。连续23天，天天刷新着这个纪录。有人惊呼：继南昌起义后，南昌又一次创造了奇迹！

到2003年4月，在八一广场不超过1平方公里的范围内，云集了肯德基的5家餐厅，这5家餐厅全部赢利。百胜餐饮集团大中国区总裁苏敬轼说："是我们发现了这块掘金宝地。"之后麦当劳来了，中外零售巨头也来了，南昌沃尔玛开张的第一个星期，也创下了沃尔玛同一时间单店销售额的全球之冠。从此，南昌的城市荣耀中多了一项：肯德基、沃尔玛销售世界纪录的刷新地！

苹果日报VS香港报界："我们错了！"

从1987年至1996年的10年间，香港有60多份日报、600多家杂志。香港报纸日发行量高达150万份,平均每4人一份。

1995年年中,《苹果日报》(以下简称《苹果》)在香港上市。当时位居香港报纸销量第一位的是《东方日报》。上市之前,创办人亲自担纲电视广告宣传片主角。在那个广告片中,他站在一个黑暗的房间里,突然,四周射来了上百支箭。然后,画面中出现了被射得满身是箭的创办者,他拿着一个苹果,悠然地说:"遭万箭穿身,仍气定神闲地啖一颗苹果。"

《苹果》上市第一天,就展开了一场血腥的"割喉战"——当时香港报业公会制定的报纸限价是港币5元,但《苹果》一份只要2元。加上"买一份报纸,送一颗苹果",《苹果》在创刊第一天就卖了20万份,3个月后冲上30万份。

《苹果》真正让香港报业伤筋动骨的,是它编排版面的全新手法和颠覆传统的新闻内容,完全市场导向的办报理念,引起了媒体的新闻道德之争。以往,香港的报纸头版通常都是放广告,尤其是房地产广告。但《苹果》却打破了这项不成文的规矩,在头版摆放新闻内容。结果这个变革大受读者欢迎,逼得香港所有报纸换掉头版广告,改放内容。《苹果》有50组狗仔队在路上捕捉突发新闻,其他报纸自然也少不得弄个50组人。在这场大战中,所有的香港报纸都跟着"苹果化",连一向讲求报道品质的《明报》也不例外。香港评论家马家辉说:《明报》后来经过好长一段时间的调整与和读者对话,才渐渐从"苹果化"与"非苹果化"的左右摇摆之间找到位置;《苹果》的最大对手《东方日报》,更足足花了5年的时间才得以喘口气。

局面打开之后,《苹果》创办人在头版刊登整版广告:"我们错了!"将售价从2元调升至5元,同价对撼《东方日报》。12月9日起,《东方日报》割喉降价以求保住老大之位,售价从每份5元改为2元。《苹果》、《成报》于翌日起售价分别调低至4元和2元,《苹果》还声称4元售价跨越1997年不变。紧接着,《新报》火上加油,售价降至1元,《天天日报》也加入战围,降价至2元。这场战争直到1996年7月才平息下来。为了共同的利益,各报又恢复了原先5元的售价。但经过价格战这么一折腾,香港其他报纸伤

的伤、死的死，《新报》、《星岛日报》、《电视日报》、《香港联合报》、《快报》等相继宣布停刊。

而每年创收5亿多港元的《苹果日报》，则以35万份的销量，时时以第二名的强势令发行38万份的《东方日报》寝食难安。

克林顿VS美国人："我是如此深深地感到抱歉"

1998年1月17日，美国总统克林顿在保拉·琼丝提出的性骚扰诉讼中向陪审团秘密作证。作证时，他被问及他与曾任白宫实习生的莱温斯基是否有性关系，克林顿断然否认。但越来越多的证据证明克林顿撒了谎。1998年8月，克林顿被迫承认绯闻，并向人民、向内阁、向妻子和家人道歉。8月17日晚10时整，克林顿在白宫地图室面色沉重地向全国发表了约5分钟的电视讲话，就自己在莱温斯基性丑闻案中误导美国人民而道歉，并对所发生的事情负全部责任。

克林顿道歉之后，妻子希拉里原谅了他。对于斯塔尔的调查报告，美国法律界人士也提出了严厉批评。女众议员沃尔特斯指出，斯塔尔的报告中有548次使用"性"这个词。克林顿为绯闻案作证的4小时录像带在9月21日公开播出后，反而引起了美国百姓对克林顿的同情，民众对克林顿的支持度上升了6个百分点。

但绯闻案的调查并未因此而画上句号。克林顿继续受到了众议院的弹劾和参议院的审查，但他并未因此下台，而是继续完成了第二任的总统任期。1999年2月13日，克林顿在白宫玫瑰园再次发表了一项道歉声明，他说："对自己引发这些事件的所作所为和因此而给国会和美国人民增加的沉重负担，我是如此深深地感到抱歉。"

美国人原谅了这个绯闻总统。他道歉了，证明他"反省错误"了。他们觉得，宁可要一个有缺陷的人性化的总统，也不要一个没有人情味的国家领袖。

4年之后，克林顿的自传《我的生活》，首印全美发行150万册，还没上市就预订一空。

第五章

女人学会这样抱怨，男人会更心疼

女人大多爱抱怨，但头疼的是，男人似乎并不愿好好配合，常常摆出一副不愿多听的面孔，甚至两人会为此大动干戈。

然而不抱怨的女人非常少见。没有技术含量的抱怨，常常被男人视为唠叨而成为"耳旁风"，风吹久了，男人可能就会"发烧上火"、针锋相对；而有技术含量的抱怨，既互不伤害，又能解决问题，还能增加双方的亲密感。

女人为什么喜欢抱怨

一份关于婚姻问题的调查问卷表明：女人最讨厌出轨和没有责任心的男人；而男人最讨厌女人的爱抱怨和不宽容。

有人说，爱抱怨是女人的本性。一开始，男人对女人的抱怨会不知所措，然后要么静观，要么争吵，要么冷战，也有的男人会敷衍地哄女人。

偶尔的抱怨是女人天性的释放，但如果总是抱怨，就会带来一系列的麻烦。过分的抱怨会让男人的好心情变坏，如果男人在压力非常大的情况下遭遇女人的抱怨，那么结局就可能会是一场战争。

女人为什么喜欢抱怨？恐怕连她们自己都说不清楚。假如你想保住你的幸福生活，就一起来梳理一下抱怨的原因，找到问题所在，同时记得和你的另一半一起看看，让他对你有进一步的了解。

1.抱怨,是为了获得男人的认可

抱怨很少发生在工作场所，除非抱怨的人和被抱怨者之间有亲密关系。

在工作中感到快乐和充实的职业女性很少在家里抱怨，因为没有时间和精力去抱怨，她们的注意力都集中在了工作上，在工作中，她可以获得很多赞赏、奖励和建议。如果她的男同事不愿完成办公室杂务，那么她或者花钱请别人来做，或者忽视这些杂务，或者重新找一个愿意做这些杂务的同事。无论采取什么措施，她都会以一种强有力的姿态来处理这类事情。

性感的女人也是不抱怨的。她们也拥有力量，但与职业女性不同，她们是用性感魅力来征服男人的。她们从来不因为男人把脏衣服扔在地板上而抱怨，因为她们也会以撩人的动作把衣服扔在地板上。

热恋中的女人也很少抱怨。因为她们全部身心都沉浸在浪漫的幻想中，根本没工夫去注意扔在地上的衣服和剩在桌上的早餐。她的另一半也同样处在热恋中，恨不得做一切事来取悦对方，谁还有工夫抱怨呢？

抱怨总是发生在关系亲密的人之间：妻子和丈夫之间，母亲和儿子之间，女儿和父亲之间，等等。

这就是抱怨者的典型形象总是一个妻子或一个母亲的原因所在。她们总是家务缠身，在生活中感觉力量弱小，无法直接改变自己的处境，于是抱怨便产生了。

那些经常抱怨的女人是一些对自己的处境不满而又无力自拔的女人。她知道生活中还有许多更精彩的东西，但她不敢承认自己不甘于扮演目前的角色，因为这种想法让她觉得愧疚。她很迷茫，连自己应该怎么做都不知道。

传统的家庭观念、女性杂志、电影和电视广告早已使她深信，真正的女性应该是个贤妻良母。她内心里知道自己有权利获得更多的快乐，但是她已经被洗了脑，所以她使劲地坚持这些连自己都知道不合时宜的"真理"。她不想仅仅赢得这样的墓志铭——"她总是把厨房打扫得干干净净"，但是她又不知道该怎样解放自己，去建立更好的生活，她甚至忘了自己的感情是丰富的、正常的和健康的。

研究表明，那些有明确目标、每周工作30个小时以上，或者非常愉快地、毫无怨言地承担家务劳动、尽贤妻良母职责的女性很少抱怨。

抱怨是女性想获得更多东西的标志：希望她的家人更多地重视她所作的贡献，或者有更多的机会改善自己的处境。

"我妈妈每做一件事都要嚷嚷着让所有的人都看到。"饱受妈妈抱

怨之苦的亚当说，"每次她洗完碗或清理完地板以后，总是要发表一些评论，来吸引大家的注意，我倒宁愿她不要做这些小事，真弄不明白她为什么总是抓住这些小事喋喋不休。"

她之所以会抓住这些"小事"喋喋不休，是因为她生活的全部就是由这一连串的小事组成的。如果你从早到晚所做的全是一些细微的、平常的小事，你可能也会不太自信，不会觉得自己很有能力，因为任何人都会做这些事。士兵为国捐躯后会受到大家的赞扬，而你虽然把自己毕生的精力都奉献给了全家，却不会有人把你的名字刻在大理石的纪念碑上，诺贝尔和平奖也不可能颁发给维持家庭和平的人。

正是因为她们的工作得不到大家的赞赏，所以她们才会唠叨抱怨，希望大家看到她所做的事。

贤妻良母从来没有被人大肆吹捧过，因为她的日常工作看起来太平庸了，似乎没有资格获得公众的赞赏。她的痛苦常常不为人知，因为她总是压抑着自己，保持沉默，而家人又总是对她所做的一切视而不见。

可见，爱抱怨的女人都是一些孤独的、心怀不满的、觉得自己不被人爱不被人赞赏的妈妈或妻子。

这样我们就找到了解决问题的关键：对她们的日常工作给予足够的赞赏，她们的抱怨就会少得多。

2.抱怨，是因为沟通上的"经典误会"

本想下班了，可以一身轻松地回到家里彻底地放松一下，可是，一不小心的一句话，却惹得对方不高兴，甚至两人为此大动干戈。都说男人来自火星，女人来自金星，男人和女人之间，真的永远存在着一条不可逾越的鸿沟吗？

情景一:女人的地狱，男人的天堂

男人:你怎么还没做饭啊？

解析他:原本以为回到家,会有热气腾腾的饭菜等着,没想到却是冷锅冷灶,要知道我可是推掉了3个聚会,就是为了回来和你一起吃饭啊!

女人(没好气地):我是你家保姆吗?

解析她:保姆干一个月还有工资,你凭什么理直气壮地非要我天天做饭?其实我只是今天太累了,想出去吃。

男人:你是女人,女人就应该做这些。

解析他:不可否认,在现代社会,还有很多男人有这样的观点,认为这是男女分工的问题,大男子主义思想严重。

女人:凭什么啊,我也要天天上班,我也每天都累得要死,怎么就没有人给我做饭啊。

解析她:女人的倔脾气一上来,谁都拦不住。其实,很多都市女性都已经接受了洗衣、做饭、做家务等琐碎事情的现状,但是她希望你能觉得这些不是因为她欠你的,而是她因为爱你才做的。因为这是两个人的生活,共同的事情。

男人:我可是推掉了3个聚会回家的,你就这样对我啊?

解析他:在男人的心中,那些聚会是很重要的,因为他要维护社会关系。他想告诉你,我放弃了这些,是为了陪你,希望你能明白和理解。但是在女人听来,就好像是一种威胁,让她觉得似乎自己根本不值得他放弃这些。

女人:你回家是对我的恩赐吗?我不需要。这家我受够了!

解析她:女人总是容易把问题上升到一定的高度,尤其是上升到爱与不爱的高度,她自始至终关注的其实都是她在你心目中的位置。如果能够时刻感受到自己是最重要的,那么女人就会感到心满意足。

情景二:男人的晚归,女人的质疑

女人:今天怎么回来得这么晚啊?

解析她:干什么去了啊?是不是有什么事,可以和我说说话吗——女人希望得到交流。

男人(不以为然地)：没事。

解析他：怎么这样婆妈，像个管家婆——男人喜欢自由，不愿被束缚，越管束越反抗。

女人：没事怎么就晚了，有什么不能说的。

解析她：身正不怕影子斜，我就知道你有事，否则为什么避而不谈？是不是有什么其他女人了，怎么都不愿意理我呢？

男人：别胡思乱想了，没凭没据的，不要瞎说！

解析他：你太不信任我了，我就用法律术语来对付你。

女人：好啊，还要证据，心里有鬼，难怪不告诉我。

解析她：女人总是会按自己的思路把一件事情往上套，特别是在感情方面，女人简直就是个"推理家"，有时候甚至非要把自己的推理证明成现实。

男人：我干什么都要向你汇报吗？我走到路上忘记拿一份很重要的文件，又折回去了，你满意了吧？

解析他：男人是最能说谎的一种动物，但是对自己亲爱的人一般是不会使用这一招的，除非你把他逼上了绝路。

女人：哼，很好的理由，既然这么简单，干吗一开始不说？

解析她：从现在开始，一切都可能只是谎言，即使女人真的信了，也还是会因为你的不当回事而继续抱怨。

男人：本来就没什么好说的，如果你非要往别处想，就随你便吧。

解析他：男人爱赌气，有时脾气上来了，会故意说一些伤害女人的话。但顺着她的话故意激她，会让她更坚信自己的猜疑正确，让无须有的罪名得以成立。

女人：你……你开始说谎了，你变心了。

解析她：她被气得泪流满面，就这样，本来只是一件小事，却因为沟通上的障碍，让矛盾升级成了一件严重的外遇事件。

情景三：女人的牢骚，男人的心烦

女人：我再也不想坐公交车了！挤死了！被别人踩了好几脚！

解析她:我这样的好身材,穿得这样漂亮,怎么能像面包一样被挤来挤去呢?女人希望自己扮演一个弱者的形象来博取别人的同情,看,我多么的楚楚可怜啊!

男人:又不是你一个人在挤,大家不天天都在坐车吗?

解析他:你不是天天都在坐车吗?男人总是不理解女人瞬间情绪上的风云突变,觉得不可理喻。殊不知,女人的思维总是跳跃性的,她或许昨天还好好的,而今天就能找出一百条不好的理由来。

女人:别人是别人,我是我!我就是受不了!

解析她:记住,任何一个女人都认为自己和别人是不一样的,都觉得自己是惟一的,这是女人的普遍心理。她需要的其实就是一句简单的问候语罢了。

男人:那你打车吧,我来给你报销。

解析他:这下看你还怎么说,最好能堵住你的嘴。男人喜欢把事情变得简单,特别是对感情上的事,更不愿意花过多的时间和精力去纠葛。男人觉得这是解决问题的根本办法。

女人:算了吧,你一个月能挣多少啊,你以为你是谁啊!

解析她:其实,女人想说的是,我就是嘴上发发牢骚,想让你心疼一下而已,你以为真的会让你天天花钱给我打车吗?还不如攒点钱来买车呢。其实,女人永远都比男人更实际。

男人:你是不是觉得和我在一起特委屈啊,连车都坐不上。

解析他:我都已经说到这个地步了,你还不满足,还要打击我。我是没多少钱,可是我有自尊,你这样有损我的尊严。男人最怕的就是女人说自己不如别人,那种话对他们来说是致命的。

女人:是,我就是觉得委屈,看看人家天天都有车接送,天天都穿宝姿,我呢?连打车都要反复琢磨。

解析她:其实,女人想说的是我既然爱上了你,就接受了你现在的一切,只是希望你能对我好一点。女人既然实际,就知道自己选择的是什么和放弃的是什么,但是她又放不下自己的攀比之心,所以会不由自主地去抱怨。原谅女人可怜的虚荣心吧，如果你满足不了，那么就对她多点温存。

男人：那你找别人去吧，我给不了你这些，你找能给你这些的人去吧！

解析他：心思简单的男人觉得你一定是变心了，被外界影响了，既然他给不了你那么多想要的，这样强求也没什么意思。男人喜欢干净利落。

情景四：男人的遗忘，女人的失落

男人回家，女人跟过来：你今天回家忘记什么了？

解析她：绕个关子发问永远是女人的爱好，有点娱乐调情的作用。

男人（四处打量一下）：我什么都没忘记啊。

解析他：又要找茬了吧。

女人提示了下：很重要的东西，你再想想。

解析她：爱故弄玄虚是女人的天性，这样才能显示出她的重要性。

男人眉头一皱，脱口而出：今天是什么节日？我又忘了给您老人家买什么东西了？

解析他：上次不是刚买过东西送你了吗？你又想要什么了？故意找理由向我要吧？男人总是误以为物质是女人的第一需求，因为女人见到物质性的东西就会两眼泛光，却忘了女人更是情感类动物。

女人忍无可忍地大叫：三年前，你每天回来的第一件事，就是叫我的名字，吻我！现在呢？别说吻了，连名字都懒得叫了！

解析她：是不是看我已经成了黄脸婆就想抛弃我？女人总是怕老的，青春的流逝对她来说是最残忍的，她需要你在这个时候的肯定。

男人：你以前也会很温柔地接过我的包，见到我很雀跃，现在却是连个"你回来了"都不愿意说。

解析他：殊不知，女人骨子里的浪漫和她的年龄是没有丝毫关系的，任何年龄的女人都需要浪漫，即使是在柴米油盐的生活中，也别忘了给她偶尔的惊喜。

3.女人总是希望不用说出来，男人就能够明白她们心里想要的东西

很多女人觉得自己是家里惟一有理智的成年人，她们觉得自己的丈夫或男朋友总是像一个孩子。当然，男人在工作中有很强的沟通技巧和解决问题的能力，能取得许多成果。但是，让他的另一半感到非常生气的是，他在家里从来不动用这些能力。

研究表明，结婚的男人比不结婚的男人寿命更长。但是，一些已婚男人却说，不过是感觉日子更长而已。

而女人的错误就在于，看到自己的另一半这种样子，她会开始把他当成淘气的孩子而不是能干的男人。男人对此的反应就是，你越把他当小孩儿，他就越表现得像个小孩儿。

这种态度的转变是一个危险的开始，很不利于两人的关系。男人越是反抗，女人就越是抱怨；男人越是反抗，女人就越是把自己当作母亲。最终结果就是双方都不再把对方看作自己的伴侣、情人或朋友。

世界上最厉害的爱情杀手莫过于男人觉得自己的妻子越来越像妈妈，女人觉得自己的丈夫越来越像不成熟的、自私的、懒惰的孩子。

一对夫妇在比萨店里发生了争执，他们的音调越来越高，他们争论的焦点是到底该点什么口味的比萨。妻子想点菠萝口味的，而丈夫却想点胡椒口味的。妻子开始指责丈夫，说他从来都不听她需要什么；她说她讨厌胡椒，菠萝会使比萨败味的说法简直是胡说八道；她还说，如果他肯去买菜做饭的话，他们就不用经常跑出来吃比萨了；相比于比萨，她更愿意吃绿色食品，因为经常吃比萨会让她发胖；她更抱怨，难道让她按照自己的口味选一个比萨的要求很过分吗？

她的话音一落,整个餐馆都安静了下来,大家都想听听丈夫有什么反应。这个丈夫从容不迫地喝了一口酒,看看地板,再看看菜单,最后才看着他的妻子说:"这并不是比萨的问题,是不是?这是我们之间持续了15年都没有解决的一个问题!"

抱怨往往说明双方在交流和沟通上存在问题。抱怨者常常难以直接说出问题的关键,而总是抓住一些鸡毛蒜皮的小事来折磨对方。许多妇女更倾向于采用这种方式。许多小姑娘在成长的过程中,总是接受这样的教育:你要听话,要温顺,要把你的需要放在最后一位。当她们长大成人步入妇女的行列以后,她们依然相信,她们的天职就是循规蹈矩、排除困难、被人宠爱。

很多女人觉得自己很难站出来说:"这样的生活让我一点都不快乐,我想歇两周,一个人出去快活快活。我让我妈妈帮我照看一周小孩儿,然后你再请假帮我照看一周,让我腾出两周时间出去玩,你觉得怎么样?我想我回来之后会更加快乐、更加温顺的。"说出这些话,比在餐馆里说出想吃什么口味的比萨要困难得多。

女人总是希望不用她们说,男人就能够明白她们心里想要的东西。她们希望,如果自己一边往卧室走一边打着哈欠说:"我累了,我想去睡觉了。"男人就会赶快去刷牙,喷点口气清新剂,穿上性感的内裤,然后溜进她的被窝。可是相反,很多男人都只会哼上一声,然后从冰箱里拿出一听啤酒,坐在沙发上继续看体育节目。他们总是不明白,女人在以一种间接的密码来表达她的意思。这样一来,女人只好一个人孤零零地坐在床上,觉得自己没有人疼爱,在满腹委屈中不知不觉地睡去。

抱怨常常会掩盖双方在沟通上日益恶化的问题。只有女人学会直接说出自己的意思,男人才会变得积极主动。女人必须知道,男人的头脑相对比较简单,他们很少能猜到妻子或女伴的话里所隐藏的含义。只有双方都意识到这个回题,他们之间的沟通才会变得容易,从而使抱怨失去存在的必要。

有效抱怨的办法：把你的意思直接表达出来

1.让他休息三十分钟，再说出你的感受

男人不会告诉你，当你纠正他的错误的时候，他会觉得像被人阉割了一样；他也不会告诉你，当你对他抱怨的时候，他会有小时候被妈妈指责的感觉；他更不会告诉你，这时候你就像他妈妈一样，对他而言没有任何的吸引力。当他知道你认为他只会出馊主意的时候，他会觉得自己很失败，永远达不到你的要求。但他不会告诉你，只会沉默不语。

有时候，即使双方都在说话，也并不意味着你们在真正地进行交流。在婚姻中，几乎所有的问题，如不忠、家庭暴力、婚姻厌倦、精神抑郁和抱怨等，都源于双方缺乏真正的交流和沟通。女人很少问"为什么他跟我说的话越来越少了？"男人只会想"我妻子对我不再感兴趣了"，但从来不去跟妻子讨论这个问题。

如果你的妻子经常在你面前抱怨，那就说明她有什么问题想告诉你，而你不听。于是，她会一直不停地说，直到你愿意听为止。你之所以不愿听，是因为她告诉你的方式不对。女人们总是喜欢绕着弯子和自己的丈夫说话。

一天晚上，男人很晚才下班。他回到家后，发现妻子阴沉着脸坐在沙发上。男人还没有来得及开口，妻子就朝他发难——

女人：你真是太不体谅人了！你怎么又这么晚才回家？我从来都不知道你在干什么！晚饭都凉了！你从来只关心自己，不会替别人着想。

男人：别朝我大喊大叫！你又在小题大做了！我加班是为了赚更多

的钱,让我们过得舒服一些……你连这都不满意!

女人:哼!你太自私了!你把家庭放在首位行不行?就放一次都不行吗?家里的事你从来都不管——你想让我给你打理一切!

男人(走到了一边):别烦我!我累了,想休息一会儿。你一天到晚除了抱怨,还会做些什么?

女人(勃然大怒):是,我什么都不会做。你又想像个孩子一样一走了之吗?你知道你的病根是什么吗?就是只会逃避问题,从来不愿面对现实。

妻子一开始没有直接说出自己的感受,而是用间接的方式表示出敌意,结果迫使男人采取了自卫措施。

一旦男人进入防御阶段,交流就会中断,问题也就无法得到解决。双方都没有认真地听对方的话,女人好像在重复以前的旧信息,男人也像以前一样一走了之,觉得她不过是个抱怨婆而已。因为双方都没有说出各自真实的感受,所以他们之间的问题会越来越严重。

为了引起男人的注意,女人的第一步应该是避免男人进入防御状态。她可以通过使用"我……"这样的措辞,而不是"你……"这样的措辞来达到目的。

以下是女人激怒男人的一些语言:

你太不体谅别人了!

你太自私了!

你又在耍小孩子脾气。

你知道你的病根是什么吗?

你总是逃避问题!

使用这类措辞容易激起对方的反抗。女人的措辞把自己放在了审判者的位置上,而这个姿态让男人接受不了。如果女人使用"我……"的措辞,就可以说出她对男人行为的感受而不让男人觉得她像个审判者。采用这种谈话方式,会使你和你的另一半避免争吵,帮助你们顺利地进行交流,并且能够永远平息战争。

"我……"措辞由4个部分组成:对对方行为的描述、你对其行为的理解、你的感受以及该行为对你产生的后果。

例如:

女人:老公,你这周每天晚上都很晚回家,还不给我打电话。(对其行为的描述)你是在逃避我呢,还是去见别人了?(对其行为的想法)我觉得自己好像失去吸引力了,没人疼了,我很伤心。(感受)如果事情一直这样下去,我想我会发疯的。(后果)

男人:哦,亲爱的,我很抱歉,我从来没想到你会有这种感觉。我没有逃避你,也没有和别人约会,我是被工作上的事拖住了,所以才回家晚了。我工作的压力实在太大了,我回来后觉得很累,想一个人安静一会儿。我并不想让你有这种感觉,我向你保证,我以后要是再下班晚了,一定给你打电话。

这种谈话方式之所以有效果,是因为它能够消除抵触情绪,使双方坦诚相见,明确地表达各自的感受。用这种谈话方式是不大可能激怒别人的。

在上述例子中,女人和男人准确地交流了信息,并通过交流解决了问题。这种谈话只有在合适的时间,用合适的语气,以合适的方式才会见效。所以,在说话以前一定要冷静一下,确保对方在听你说话。

经过一天的辛苦工作以后,男人必须休息30分钟才有精力说话。但是,大多数女人随时都可以说话,而且一有话就想马上说。下边就教你如何运用这一技巧。

女人:亲爱的,我想跟你谈谈今天发生的事,我们什么时候可以开始谈话呢?

男人:亲爱的,我今天真的很累,你能不能给我半小时让我休息一会儿?我向你保证,待会儿一定好好跟你谈谈。

如果男人承诺了一个时间并且兑现了承诺,而女人也给了男人一定的休息时间,那么两人就不可能吵架,关系就不可能紧张,也就不会

有人觉得受到了委屈。

2.研读一下男人交流的行为习惯,知己知彼来得更痛快些

如果你想跟他毫无障碍地开怀畅谈、毫无保留地相互沟通,你就必须克服男女之间思维区别所导致的障碍。与其改变他的思维方式,不如自己认真研读一下男人交流的行为习惯,知己知彼来得更痛快些。记住,这可不是什么谁迁就谁的原则性问题,如同生病就要吃药一样,这不过是治疗你"偏头疼"的良方。

男人谈吐的习惯之一:他们不喜欢拐弯抹角

如果你问一个女人"怎么了",她回答"没什么",那就恰恰意味着这里头"有些什么"。

与女人的闪烁其辞、心口不一相比,男人的言语想法要直来直去得多。他说"没想什么",那就很可能真的没想什么。

又比如,你们刚吵过一架,你问他还生气不,他说:"没事了,一点也不生气了。"那你就可以安心地洗洗睡了——他也许确实已经不生你的气了。

男人通常比女人更加直接和客观。语言对他们来说是一种最直接的传递信息的工具,而不会像女人那样总是加以修饰和伪装。当然,这并不是说所有的男人都是直白和坦诚的,所有的女人都是狡诈和诡异的,我们讨论的只是行为习惯,与人格无关。举个恰当点的例子,男人都喜欢直接刺激的赌博方式(比方掷骰子),但不管什么方式,都不影响有些男人在赌桌上出老千。

所以,你应当停止对他每句话的"心理探秘"。与其苦苦分析他的每个字,还不如直接看他脸上的表情,你的孜孜不倦到头来只是在浪费你们彼此的时间。心理学家说:"女性总是用简单的语言表达复杂的情绪,同时潜意识里她们也希望男性具有和她们一样的行为习惯——不幸的是,事实并非如此。"

男人谈吐的习惯之二:他们不喜欢制造问题

确实,有时候和男人说话很累,累到让你认为这根本就不是交谈,而是对方施舍给你的一次接见。但是,这种表面现象并不表示他对你的兴趣远不如你对他的那么强烈,归根到底,这还是由于男女之间性别差异所导致的天生的交流分歧。

有调查表明,在日常交谈中,女人的提问远远超过男人,其数量高达男人的3倍以上。这是因为女性喜欢通过提出问题来鼓励身边的其他人说话,从而建立彼此的关系;而男性的提问总是建立在有必要需求的基础上。

男人会问你想去哪里度周末,会问你晚餐想不想吃意大利面,但是,跟一个女人讨论比较自由的话题(尤其是私人事情)是他万万不愿去做的。恋爱中的男人不爱提问,是因为提问往往会引发一场不那么客观的、漫无目的的感情研讨——这恰恰是男人们所不擅长的。

森,28岁,离异的原因是他觉得无法忍受前妻独角戏似的喋喋不休。他说:"起先可能就是一次关于喜欢什么、不喜欢什么的闲聊,但随后我发现这个话题被她无休止地延伸了,她总在仔细地分析过往的每一个片断,并乐此不疲。我跟不上她的思维和记忆,却又不得不努力迎合,这让我觉得太累了。"

所以,老掉牙的"你问他答"的谈话方式已经不可取了,换个交谈模式才是最有效的。

"有件事我自己拿不定主意,想听听你的意见"就是个不错的开场白,简简单单的两句话既能激起他的好奇心,又能满足他的自我价值感,让他觉得自己的话很重要。

一定要让他知道他是在帮助你,而不是单纯地充当一个白痴听众,这是针对男性的一种行之有效的交谈策略。另外,在述说过程中要记得

适时暂停,给他营造出比较自在的发表观点的时间和氛围。

男人谈吐的习惯之三:他们用幽默缓解紧张

男性天生就懂得如何控制自己的情绪,从不轻易让自己失控。所以,即使陷入极其尴尬的局面,他们也懂得利用"幽默"这个工具有效地进行自我缓解。可以说,幽默是男人天生就具有的自我保护能力。

东,今年30岁,他的女友湘今年28岁。就在不久前他们相识两周年纪念日的当天,东由于工作原因,晚餐约会整整迟到了半小时。

"我告诉她,我被一帮患有虐待狂的外星人绑架了,它们对我进行了一个小时的生理折磨后,把赤身裸体的我从五千多米的高空扔到了动物园的猴山上。"但不幸的是,湘根本就没有笑,而是愤然离去。

男人的幽默有时候对女人并不生效,因为女人会认为他只是在敷衍,压根儿就没有把自己放在心上,尤其是在误会和矛盾已经形成的时候,这时的幽默无异于火上浇油。

鉴于他并不是故意轻视你,还是"得饶人处且饶人"吧。生气的时候提醒自己:"男人嘛,没办法就只能来点幽默了,他也就这两下子,看在他还算可爱的份上,就让着他好了!"

就像东,他知道自己"罪责难逃",希望通过玩笑来缓解紧张的气氛和内心的不安,确实没有任何羞辱湘的念头。如果湘能对男性心理略微了解那么一点点,也许晚餐依旧是晚餐,烛光也不会演变成泪光。

不过话说回来,宽容大度是应该的,但绝不能纵容。如果他总是无视你的情感,每次都用三流笑话来掩饰自己的错误,那你就需要坐下来好好跟他谈谈了。

男人谈吐的习惯之四:他们轻易不张嘴求助

赵安今年29岁了,3年前买了一辆车,后来发现车载时钟不太准。这3年里,他宁可不看车载时钟,也从未给经销商打过电话,询问如何进行时钟的调校。不可思议吗？这就是男人。

出于种种原因，"坚忍"的想法从孩童时代起就在男性的头脑中开始形成，并伴随着成长日益根深蒂固。

男性争强好胜，不愿被看作弱者或者娘娘腔，开口求助在他们看来，本身就意味着"我已经对此无能为力"，是一种"认输"的表现，除非万不得已，否则他们是不会这样做的。

所以，尽管他"倔"到不愿打电话询问如何调校车载时钟，不愿忙不过来时让你打个下手或找个人帮他一起干，但我们还是有办法让他把所谓的"自尊心"暂时抛置脑后。

要让他知道，有些事不是他一个人就能完全包办的，大家一起互相扶持才会有好的结果。当然，这需要一步步地开导他，若想立竿见影，则可以采用"重心转移"的语言策略。

就拿车载时钟这件事打个比方，你可以对他说："我知道你平常不看这个表，不过我经常看它，有几次因为这个错误的时间，我差点误了事。哪天帮我打电话给经销商问问怎么调它好不好？"这样一来，他的事就变成了你们两人的事，甚至变成了你个人的事，而他只是在帮你询问，他的自尊不会受到任何伤害。而且，询问有了结果后，他还会在你面前连说带练地炫耀一下他的新能耐，虚荣心再一次得到满足。这可真是一举两得，你说呢？

男人谈吐的习惯之五：他们总是尽量避免与女人讨论

男人之间当面对质，就一个问题争论得面红耳赤、不死不休的场面我们见得多了，可是你见过几次一男一女就一个问题争论得轰轰烈烈的场面呢？（仅指讨论与辩论，夫妻之间吵架动手不算在内）

为什么？因为他是男人。

男性对与女性进行正式的语言辩论怀有一种畏惧的心理。因为男性的分析总是侧重于宏观大局，并且具有很强的系统性；而女性则喜欢从细枝末节进行仔细的推敲，而且极具耐心，往往抓住每一个细节分析

第五章　女人学会这样抱怨，男人会更心疼

个没完。

在男人眼里,这时的女人就是吃了类固醇的马拉松运动员,和她们赛跑简直就是"自寻死路",不如敷衍了事,甚至干脆投降认输,省得"受折磨"。所以,当男女坐在一起就某个问题进行深入讨论的时候,我们通常会听到他说"好好好,你说的有理,我们就此打住吧"或"OK,就当我什么都没说"之类的话。

谨记:男人善于为解决一件客观存在的现实问题而付诸行动,而不是仅仅为了表现自己的主观欲望、多愁善感甚至无病呻吟。所以,如果你决定因为某件事要跟他说个清楚,一定要在"上战场"前计划好自己的战术和战略。

3.远离禁区,口下留情脚下才有路

对男人来讲,"男人"一词可说是包含了全部的人性尊严。男人从小就被教育要像个男人、做男人应该做的事、养家糊口、争取社会地位等,这其实是一副不轻的担子。有时,男人可能会做得不够好,暂时给不了女人想要的一切,但这句话一出口,无疑是将男人的自尊重重地踩在了脚下,而这句话也是引发家庭风暴最"有效"的话。所以,不到无可救药的地步,女人千万不要说出这句话。

女人之所以埋怨男人,无非是希望男人能明白自己的感受,能为此作出改变,但说出这句话只会加深双方的痛苦。不妨好好发挥下自己汉语的功底,在这句话里加上一些副词或者形容词,这样既畅快了你的发泄心理,也给了他反省的余地。

最伤男人心的话之一:我看不到你的未来

爱到不想再爱的时候,对于他的未来,对于他给你的承诺,就没必要太过于深究和追责了。他表现得再无能、再懦弱,你都不应该以这样审问的方式来捶打他的心灵。再说,一个人的未来怎么可以用看来观察

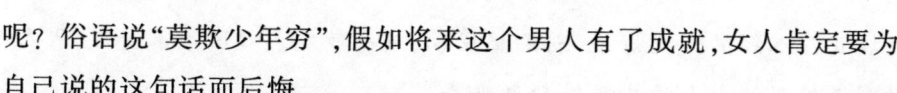

呢？俗语说"莫欺少年穷"，假如将来这个男人有了成就，女人肯定要为自己说的这句话而后悔。

最伤男人心的话之二：和你在一起就是个笑话

在一起可以是错误，也可以是命运捉弄，但是不要用笑话来揭一个人的伤疤。你的尖酸刻薄只会招惹他的愤怒。也许你可以不在乎，因为你们今后再无瓜葛，但是谁又能肯定你们不会在哪个犄角旮旯里遇上呢？

最伤男人心的话之三：真不明白，我当初看上了你哪一点，真是瞎了眼

这样的晴天霹雳对脾气再好的男人也会如同原子弹爆炸一般。如果他隐忍不发，那也只能说明一点：他已经对你全盘否定了。

TIPS：这些抱怨是无效的

(1)床头抱怨

男人最怕女人在床上做什么？答案是抱怨，据说这是使得男人速战速决的最蠢的主意。多么美好的欢乐时光，别让欢爱的战场变成对峙的战场。就像工作不要带回家一样，情绪也别带到床上，否则伤身体，更伤感情。

(2)情绪失控，激动怒骂

控制不住情绪，把他祖宗十八代轮番骂个痛快？这可是抱怨的致命伤。如果你太过失控，使用了过激的语言，不仅不能把你投诉的内容表达清楚，他还会以为你是对他本人不满，而不是对某些事情不满。使用委婉的语气吧，它能让你更好地控制情绪。

(3)怨妇般的形象

你若以一个怨妇的形象抱怨，他也就会当你是怨妇倾倒垃圾。所以，你应保持和他的目光柔和接触，千万别像要喷火般犀利。就当那是

一场正儿八经的谈判好了,别不整仪容、披头散发。心理学家发现,男人对穿着整齐的女人的抱怨接受度更高。

(4)要求不合理

抱怨也得实事求是,如果你提的要求他根本做不到,那抱怨也没用,还会让他觉得你在无理取闹。比如,你不能抱怨他不能每天接送你上下班,但能要求他周末尽量留点时间陪你出去逛逛。

(5)夸大其词

你抱怨的目的是什么?不仅是发泄情绪,还希望他能改正吧。那么,就别主观夸大自我感受、夸大事实。你这样做,无疑是在给他辩解的理由:我又没有这样,是你自己的理解问题。

(6)时机

你在气头上,而他也正烦着,此时决不是抱怨的好时机。否则不仅你控制不了情绪,他也会很容易反感和排斥。

(7)音量过高

不是气冲冲地把声音抬高八度就能让对方接受你的抱怨。恰恰相反,控制音量就等于控制情绪,把声音降到只有他能听到的程度,你们的沟通才能顺利进行。

(8)场合

如果你当众指责他做错了,他会很恼火,并叛逆地拒绝改正。你可以避开冲突的环境,选个没有外人打扰的私人场合,这样对方更能听进抱怨的内容。

步步为营,有心计的抱怨才有效

到底应该怎样说才能让男人爱听呢?你需要了解他们的谈话习惯,

运用一定的说话技巧。其实,抱怨考得不只是嘴上功夫,心计也必不可少。用点心计,迂回婉转势必能达到抱怨的效果。

1.有底气,也有分寸——咄咄逼人和婉转明智之间

一个拥有强大内心的女人,平时并非一定强势、咄咄逼人;相反,她可能是温柔的、微笑的、韧性的、不紧不慢的、沉着而淡定的。

近几年来,心理学家一直在强调,现代女性必须勇敢地做自己,说出心底最深处的声音。

现代女性中,很少有人是软弱可欺的小绵羊,然而太咄咄逼人也不是好事,因为这样做并不能得到你想要的。不容置疑而又游刃有余的态度,既不得罪人,又能达到目的,才是聪明女人的努力方向。其实,咄咄逼人和婉转明智之间,有时只有一线之差。

夫妻之间的氛围应该是最舒适、最融洽、充满爱意而又让人着迷的。然而,生活中发生些小摩擦在所难免。因为任何一对夫妇作为两个独立的个体总会存在着各种差异,在沟通中也免不了发生一些口角。也许他理想中的生活就是每天晚上喝一罐啤酒,看会儿电视,然后9点半就上床睡觉;而你最喜欢的却恰恰是午夜电影和一提起就让他哈欠连连的逛街购物。

咄咄逼人型:你经常拉长了脸,想出各种方法来迫使丈夫向自己的生活方式靠拢。当然,如果你一直坚持,但凡有点气度的男人也都会让步,但这样的胜利其实毫无意义。表面上,我们把自己的生活方式和观点强加给了他们,但总有一天,他们会因为过度压抑而奋起反抗。到时候,生活就会变得硝烟四起、永无宁日。

婉转明智型:你最好放慢语速,缓和一下气氛,心平气和地与对方沟通。心理学家的建议是:"尽量寻找一下分歧的原因所在,并试着体会对方的心情和想法,然后再作出判断。改善两人关系的第一步,可以从

两人一起完成对方喜欢做的事开始。"比较实际的做法是,运用交换条件法则。比如让他陪你去看两小时电影,换一天,你就陪他在家看两小时电视;如果他愿意陪你去商店血拼,那你就愿意抽个周末陪他去健身房健身。可能你会觉得这种交易方式的夫妻生活简直毫无浪漫可言,但是起码比家庭战争安全多了!

2.男人不是废品收购站,泄愤的机器只会把他吓跑

"前几天,我男朋友叫我不要老是抱怨那么多!当时我很生气。你想啊,他是我最亲近的人,我不跟他抱怨,不跟他发牢骚,憋在心里多苦啊。再说了,我难过时第一时间就找他,说明他在我心目中是最重要的!何况,我不找他,找谁呢?"

这个女人的苦恼其实是女人中的一个普遍情况:不知道这次的考试能不能通过,这次会不会加薪,我的好朋友失恋了怎么办,我这个月"那个"又提前了怎么办……我们总是扮演着柔弱的角色,遇到什么烦心的事情,都会习惯性地找身边的男人倾诉,然后"怎么办""怎么办"地问。久而久之,这种倾诉就会把对方惹毛。

大多数人总是习惯性地跟家里的父母报喜不报忧,却总爱跟男朋友、老公大吐烦恼。因为我们一厢情愿地认为对方是自己最亲近的人,什么苦恼都可以跟他倾诉。但是,结果常常不是这样。没有一个人愿意跟个苦瓜脸交朋友。一味地将悲伤的情绪倒给男人,把三姑六婆的烦心事跟他分享,把生气的事情宣泄在他身上,只会把他吓跑。因为男人从来都不是你的废品收购站。

该不该和男人分享一切苦恼,只要听听男人的声音,你就会得到想要的答案。

大倒苦水的女人会把我吓跑

"刚毕业那会儿,我处了个女朋友。当时,我先找到了现在这份工作。可没想到,女友找工作却处处受挫。几乎每天都哭着跟我打电话,说现在的工作不是要工作经验,就是要找人花钱,普通人要找工作实在太难了!

"我也知道就业形势不好,也安慰她不要急,慢慢找。可过了半年,女友还是没找到工作,抱怨和哭诉开始逐渐升级。渐渐地,我开始有点害怕接到她的电话。她总是把社会抱怨得很黑暗,说哪个同学什么都不会,却回家当了老板。然后就哭着说,她想要一份工作怎么就这么难?有时候,我觉得她是在暗示我没能力帮她找工作。她这样没自信,心灰意冷的,是很难找到工作的。我给她提了一些面试的建议,她却对我发脾气,说我不理解她。

"每天都这样折腾,不是哭就是挂掉我电话。我实在没办法再这样下去了,最后只好提出分手。我觉得一直向人倒苦水的女人,会让人觉得很悲观、很灰暗。谁都不喜欢整天跟个烦恼的人做朋友,何况是亲密的男女朋友呢!"

有时候我想当儿子

"我老婆整天跟我吐苦水,不是说她公司里哪个女人的坏话,就是说她今天的心情有多差。以前,我总觉得女人只会在特定的生理期,心情才会比较压抑。可是,我现在发现即使不在生理期她也总是喜欢跟我抱怨这个,抱怨那个!除了抱怨,没有丝毫建设性的话题。

"最近,还整天跟我说房价上涨了,怎么办啊?再这样下去我们10年也买不起,整天就像只装有复读机功能的苍蝇一样在我耳边嗡嗡地吵。每次,只要听到她说什么负面事件,我的心情都会跟着变得非常糟糕。

"但是,她跟儿子在一起时,却有说有笑。她总是把最好、最开心的东西跟儿子说,把最不好的东西跟我分享。有时候,我看到她跟儿子相处的情景,真希望我是她儿子,而不是老公。"

女人是感性的动物,她们喜欢一有风吹草动、刮风打雷,就立刻躲到男人的怀抱里。她们觉得男人就应该承担起这样的责任,甚至认为男人会为了能保护娇弱的她们而感到沾沾自喜。于是,她们遇到什么烦恼都会跟男人分享。

其实,男人并不喜欢一直吐苦水的女人,或者说,只抱怨而毫无建设的女人。久而久之,男人就会觉得这样的女人连生活自理能力都没有。道理其实很简单,如果你整天抱怨上司对你不好、同事要害你,那么我就会想,你怎么这么差,老让上司挑到毛病,让同事害到你。

很多女人不知道,过多地跟男人分享生活上的不顺,非但不能引起男人的怜悯,还有可能会让男人觉得你把自己的生活过得一团糟。

3.先挑起让他听下去的欲望,再用行动证明

男人不相信他们听到的,而相信自己看到的。当你知道了男性这个特质之后,你若希望他"懂得"你,就要采取一些行动。

张乐乐是一个相对比较勤俭的女人,给自己购买新衣服的频率并不是很高。但是由于乐乐认为有些衣服有很大的纪念意义,外加上性格勤俭,不舍得将一些风格过时,估计再也没有可能穿的衣服丢掉。所以久而久之,虽然乐乐可以穿的衣服不是很多,但也满满当当塞了一大衣柜。

也正是这个原因,每当乐乐抱怨自己没有其他女人那么多可供选择的衣服时,总是招来男友的不满和打击。他认为既然衣柜里都是满的,那就说明衣服够穿是一个事实。

由此,乐乐觉得自己委屈,而男友又觉得乐乐的抱怨没有由来。虽然这个问题并不是很大,但两个人总是因此发生争执。这样一来二去,加上其他生活矛盾的积累,它所具有的破坏作用绝不可小视,因为这个

频繁发生的生活事件损伤的是两个人对于生活满足感的需求。

最后，当两个人因为情感累积的矛盾集中爆发而来到我面前的时候，我给乐乐提了一个建议，让她把三年内没有穿过的衣服统统收纳在行李袋中，暂时寄放在某个朋友闲置的房子里，看看这个方法是否对改善她和男友的关系有所帮助。

两个月后，乐乐给我打来了电话。她非常高兴地告诉我，这样一个简单的方法真的发挥了奇迹般的功效。当乐乐把不再穿的衣服收纳清理后，男友看到乐乐少得可怜的衣服，便主动提出带乐乐去添置衣物；在购买衣物的过程中，乐乐勤俭的购物风格也让男友很感动，而且通过购物，两个人交流沟通的话题也增加了。

这让两个充满委屈、埋怨的年轻人化解了很多内心积压的负面情绪，使情感中的其他一些问题也因为拥有了平和沟通的环境，而得到了很好的化解。

在和男性进行情感交流的过程中，要记得男性判断的依据是他们眼睛所看到的内容。

开场白：先挑起让他听下去的欲望

说话时逻辑严密、聚精会神，出现问题就解决问题，这是男人们主要的交流方式。虽然在女人看来"很累"，但让男人知道他是在帮助你，而不只是单纯地充当一个情绪垃圾桶，是一种更有效的交谈策略。

但你需要注意的是，如果你根本不想让男人提出任何建议，就趁早让他知道。不要等男人听了20多分钟并说出了自己的解决办法时，你才打断他，并告诉他你不在意解决方案，那么男人就会感到受了愚弄，从而不愿再开口。你不如用很平和自然的口气对他说："亲爱的，你不用帮我解决这件事，我只是想说说而已。我现在已开始觉得好些了，我只是希望让你听听。"如果女人在提醒男人时都用这种随和的语调，就能最大限度地减少男人的误会，并使他愿意继续听下去。

心态：冷静和镇定，而不是一味的"理所当然"

和男人谈话，撒撒娇、示示弱总归是有用的，但是不要演变成"无理取闹"。如果你总是抱着男人爱你，自然会听得懂你在说什么的想法，那么肯定会大失所望。"理所当然"的字眼对于男人没有任何说服力，只有充满了逻辑性的言辞和推理才能激起他们的重视和兴趣。尤其是比较重要的话题，最好预先演练一下自己的语言和论据。

另外，如果你和他讨论一件事，结果证明你的观点是错误的，他也许会站起来高举双手大声欢呼，这时你也要以宽容的态度由他去，甚至加以鼓励。因为这样做，尽管失败了，你也将赢得他对你的尊重。他会认为你们的交谈是严肃、认真、有价值的，会认为你是不同于一般世俗女子的伴侣，你们之间也会因此而奠定下一次交流的基础。无论如何，你总是有收获的，对吗？

技巧：直接地告诉他你想得到什么

当你要他做点事的时候，你要直截了当地请求他。不要说"垃圾还没有倒"，而是说"请你去倒垃圾"。你也许觉得这样的讲法太跋扈，但不要忘记，男人和你不同，男人一般都喜欢直来直去，心里想什么就说什么。因此，才会有男人抱怨："我不喜欢太太暗示我，我当然知道垃圾没有倒。为什么她不直接告诉我，而总是暗示？好像在进行一种考验。想说什么就说嘛。"

也许你会觉得这样直来直去，一点也不罗蒂克。但正是这样的想法，让很多男人一辈子都在猜自己伴侣的心思。可惜，男人总是猜不中的。所以，平时要多直接和他说想法，猜谜只能作为一种生活调剂品。

直接的同时还要具体又精简地和男人说话，尽可能地省略细节。他才不会在乎桌布是淡绿还是深绿、你的耳环和项链是否搭配、皮包和鞋子是不是最新流行……饶了他吧，大部分的男人都不注重细节。所以，除非你的丈夫是个在乎细节的人，否则你就要学他大而化之，讲出结论就好，婆婆妈妈会让他分心，到时你又会觉得他没认真听你说话了。

禁忌：任何情况下，女人都不能说"你不懂"

任何情况下，女人都不能说"你不懂"，即使你真的认为他不懂。因为在男性语言中，"你不懂"就意味着你是个傻瓜，没有能力帮助她。在女人谈话时，男人会不停地加以评论、纠正或者提出解决办法，结果女人就会心烦地说："你不懂。"也许你的真正意思是说："你不明白，现在我需要的不是解决办法。"但是，男人却会觉得女人不赞许他提出的解决办法。

如果你希望男人懂得你真正需要什么，就更不应该说"你不懂"。因为这句话口气太重，会让男人很难再听你讲下去。遇到这种情况时，你可以这样做：

首先，停顿一下，认定男人正在尽最大努力来理解你。然后对他说："我换个说法试试。"男人听到这句话时，就会感觉到自己并没有完全理解你的意思，但这句话听起来却没有批评的意味。这样，他会更愿意听下去，并重新考虑你所说的话。由于男人感觉不到批评或责怪，所以他会更热心于帮助你。女人如果不理解男人对受到责怪的敏感，就难以明白男人愿意听"我换个说法试试"，而讨厌听"你不懂"。但对男人来讲，这两句话的区别实在是太明显了。

TIPS：小技巧让你的抱怨更有效

(1)提出解决方案

当你抱怨完不满的地方后，不妨建议他提出解决问题的方案。"我晚上太累，实在不想看书，你认为换什么时间看书好呢？"如果他没有什么好主意，你就提出合理的改善建议，这样能避免长时间的争执，以便更快地达成共识。

(2)书面抱怨

当你无法控制情绪，次次抱怨都会变成世界大战，那么不妨换种方式，以无烟火味的邮件替代面对面表述。人把心里话转化为书面表达，需要一定的语言逻辑，是一个自我冷静思考问题的过程，能避免过激的

态度与行为。

(3)收起攻击,说需要

很多女人都说过这样的话:"你根本就不在乎我,你整天想的就只有工作,从来没有想过我。""你总是记不住我的生日。""难道你就不能陪我吗?"

这些抱怨的话实际上已经表达了"责备"、"命令",这会让另一半觉得你不可理喻,以至于不愿和你沟通。

其实,你可以换一种语气,告诉他你是多么需要他,尤其男人的天性就是期望被需要。例如"我很希望能被你关心,但似乎总是我不厌其烦地在给你打电话问候你",其实只是换了一种口吻,却将指责和命令变成了你情绪的表达。

(4)不以偏概全,就事论事

"你这个人就是说话不算数,根本就是不负责任。"其实,你会这样抱怨只是因为你们约好一起吃晚饭,而他却因公司临时有事而去不了。

别动辄就拿他的人格来做文章,这会伤及男人的自尊。男人获得认同和自信的最大途径是最亲近的人,聪明的女人最好适时地"软"一下,改成"今晚说好一起吃饭的,你却让我一个人等了这么久",这样反而会让他心生愧疚,不仅避免了一次口舌之战,还会加倍补偿。

(5)负面情绪"光说不练"

生气的时候摔东西,这也是女人发泄情绪的惯用伎俩,或者离家出走,眼巴巴等着男人追出来哄回去。

这种极端的情绪说说还行,别真正付诸行动。例如你可以说:"我非常生气,气到想摔东西!"只要表达出生气的真实感受就行,摔东西的破坏性做法可完全省略。

负面情绪"光说不练"虽然并不能让问题消失,但这是一个非常有效的亲密邀请。就如同向对方递上一封亲密邀请函,让他更了解你的感受,并让对方理解:我的目的不是伤害你,而是想更靠近你。

第六章

动什么别动抱怨的底线

当抱怨向你袭来的时候,在某种意义上正是考验你做人态度和处世修养的时候。

一般来说,抱怨会在我们的内心激起强烈的反应,然后表现在面部表情上。应该说这种内心和外表的变化都是正常的,但是这种变化应该有个限度,如果超出了这个范围,就是失态。

别失态：保持理智与情感的平衡

　　有些人容易情绪激动。对他们来说,考试前的焦虑、看牙医前的紧张、外出旅行前的不安情绪等都会影响他们作出理性的决定。相反,也有一些人,他们即使是在极度焦虑时或争吵之后也能集中精力思考,作出理性的判断。但是所有人都有这样的经历——有时情绪失控,很难或者说根本无法理智地面对一场冲突。

　　情绪越激动,就越容易失去理智。你越是爱或尊重一个人,在你认为他受到不公平指责时,你就会愈加愤怒,也就越发不能有效地反驳对方的批评意见。例如,对于小公司而言,如果雇员罢工,公司就会面临破产的危险,那么,这家小公司的老板就不太容易能理智地应对工会的威胁;相比之下,罢工对一家大公司的总裁的影响就不至于那么大,他处理起来也会游刃有余得多。

　　即使是所谓的"正面"情绪,也会破坏问题的解决。波士顿交响乐团指挥小泽征尔曾经解释了为什么他同该乐团的合作演出并不总是能完美发挥。

　　他说:"我同乐团合作有很长时间了, 对各位演奏者也有很深的敬意,所以觉得很难要求他们完全以我的方式来演出。"

　　生意场上, 即将达成协议所带来的激动之情可能使谈判双方忽略掉重要的细节问题。几乎所有人都有这样的经历:在友谊的光环下或一时兴奋之中作出的承诺过后一经考虑,往往追悔莫及。

　　不管问题大小,总有其感性的一面。双方在经历不同类型、不同程度的情感时,应当保持清醒,认识到双方的分歧所在。

　　我们都知道,情绪能量爆发的时候,往往会导致理智丧失和言行失控。而在理智丧失和言行失控的情况下，人就可能会说出让自己后悔的话，甚至做出伤人伤己的事情。

很多事情，本来可以有更好的办法解决，根本不必发展到鱼死网破的地步，但是，在性格本能和习惯的驱使下，尤其是影响到我们前途和现实利益的时候，我们总是不能完美地处理好。

我们要高度重视任由负面情绪能量释放所带来的严重后果，千万不要养成图一时痛快、将错就错的习惯，要知道"开弓没有回头箭"，不是什么事情都可以重来的。

1.承认自己的情绪，不要"此地无银三百两"

即使我能意识到自己的情绪，也能充分控制自己的行为，避免当场做出莽撞之举，但这些情绪仍在，可能还是会带来麻烦。

我们中有些人试图掩饰自己的情绪，这是自欺欺人。别人可能已经注意到了你的嗓门越来越大，你却还要掩饰，否认自己变得越来越激动。这时候，嚷嚷一句"我没有发火"无异于"此地无银三百两"。

否认情绪的存在不等于它们就真的不存在，相反，这只会使情绪变得难以改变。我们想要掩盖情绪的原因是多种多样的。孩提时代，大人就教育我们不应当流露或谈论感情。有些家庭把所有的情绪表露都当做问题来看待，一些大人还教育孩子发火是不对的，做出伤心的样子是错误的。慢慢地，这些孩子就会认为，感到生气或伤心是不对的。于是在成长过程中，他们逐渐学会了压抑自己的感情。

许多人掩饰感情，是因为害怕感情的流露会带来不好的后果。如果我们表现出愤怒或失望，别人可能就会不喜欢我们；如果我们对他人表示同情，可能就会被认为是软弱。虽然显得过于激动可能意味着自己情绪失控，但多数人的问题是感情流露太少而不是太多。

想要掩饰感情，会在交往中带来两方面的问题。

首先，我们只有能表露自己的情绪，或至少承认有情绪存在，才能应付它们。

一些具有破坏性的情绪，如愤怒和怨恨，会积蓄在心中，一旦爆发，就会对双方关系造成长期破坏。此外，如果掩饰了自己的情绪，我们可能会因此而忽略那些需要关注的潜在的实质性问题。

其次，我们掩饰了建立良好关系所必需的积极情绪。

比如，许多公司经理失败的原因就在于他们没有对员工表现出感情上的关切。一位表现得漠不关心的经理，不管他内心多么在乎，都不可能激发下属的热情、忠诚和开诚布公的态度，而这些品质对于组建一家充满活力、高效率运转的公司来说是必不可少的。

想要理清那些对双方关系具有破坏性的情绪，其对策之一就是将它们公开——承认它们的存在，并且谈论它们。说出自己的愤怒或恐惧（而不是将它们表现出来），是一种自信和自制，而非软弱的表现。当然，公开谈论自己的情绪，有些人会不习惯，会觉得很尴尬。

因此，有必要记住以下几点：

（1）开门见山。"对不起，但这件事实在太让我生气了。"

（2）声情并茂。眼睛看着对方，降低音量，放缓语速，并且适当停顿以加强语气。"我觉得很烦……很难将注意力集中在协议的条款上。我想我们能不能改变一下讨论的气氛？"

（3）直言不讳。解释一下自己不满的原因。"我感到很恼火。刚才我正解释付保证金的事儿，话说到一半就给打断了。我还建议找个协调人，也无非是为大家好。如果没记错的话，当时就有人对我说：'你自己不能处理吗？'"

（4）避免责备。"我可能听错了你的意思。如果有什么地方得罪了你，请多多包涵。"

（5）直接询问。"如果你对这场谈话有什么不同的想法，请告诉我。"

（6）予人方便。"我知道大家都是为解决这件事而来的。要不，你再谈谈你的意见，然后咱们休息十分钟，之后再谈预付保证金这件事到底可不可行。"

2.体会自己和他人的情感,理性地抱怨

过于强烈的情绪会使问题恶化,但我们也不能像很多书里说的那样,要因此而压抑抱怨。

谁都知道,情感是动力之源。我们愿意做某件事是因为我们乐意,或者是觉得它具有挑战性,想试一试,而不是出于不得已而为之。

大多数有成就的公司都鼓励员工不仅参与经营,而且要对公司作出感情投入。他们发现,真诚地关心员工和他们所面临的问题是一项感情投资,能激发员工的士气,有利于提高生产效率和增强团队合作精神。一些管理不当的公司在困难时刻,往往得不到员工的帮助,他们经常会得到这样的回答:"为什么我们要全力以赴地帮助公司渡过难关?这对我们有什么好处?"

同样地,如果没有一定程度的感情投入,包括对彼此的关心,双方就很难解决重大的分歧。

假如你的配偶觉得受到了冷落,那么不管你将"你想怎么样就怎么样吧,亲爱的"这句话说得有多亲切,都只会把事情弄糟。

完全用冷静、理性的眼光来看待世界,会使我们体验不到重要的人生经历,没有这些经历,我们可能就无法有效地处理分歧。有了感情的指引,我们才能体会到别人如何对待我们以及我们需要的是什么。

所以,我们要努力实现的是情感与理智的平衡。

阻碍人们保持理智与情感平衡的原因有四个:

其一,我们不了解自己和对方的情绪;

其二,虽然我们常常会有意识地控制自己的情绪,但有时情绪急速波动,还是会使我们不由自主地受它支配;

其三,即使理智本身战胜了情感并左右着我们的行为,我们仍不能

把握好那部分情绪,不管我们怎样将其掩盖,或是否认它的存在,事后它还是会冒出来烦我们;

最后,所有这些问题的根本原因在于我们对情绪的产生没有心理准备。

接下来,我们会逐一分析这些原因,并提出完全积极的方法作为对策。

第一,体会自己和他人的情感。

我们常常对感情毫无察觉。不知不觉中,我们已经被不安、沮丧、恐惧或愤怒等情绪所左右,并影响到我们的一举一动。在我们还没有觉察到自己的愤怒时,别人可能早就注意到了我们紧张的颈部肌肉、涨红的脸以及变了调的说话声。

对别人的情绪,我们了解的就更少了。即使你试图掩盖自己的愤怒或恐惧,它还是会在不知不觉中影响你的行为:你说话的语调、坐姿、呼吸频率等。我们也会下意识地注意到这些迹象,相应地也会觉得不安、担心或变得固执。如果双方都没有注意到自己或对方的情绪,我们就会很难控制表达感情的方式,双方处理实际问题的能力也会受到影响。

因此,积极把握感情的第一步就是意识到它的存在。想做到这一点,我们应当学会观察肢体所传达的感情信号。通过观察身体各部位情况,能从中得到有关自己情绪的重要信息。

我的肠胃是不是感到不适?

手心是否冒汗了?

下巴肌肉是否绷得很紧?

我是不是攥紧了双拳,还是使劲抓着什么东西了?

说话声调是不是提高了?

……

这些小动作多半传达着愤怒、沮丧或害怕的情绪;轻柔的声音、愿意靠得更近些、湿润的眼睛等,这些迹象则意味着爱慕、同情或者伤心。

我们的身体感受在不同的场合表达着不同的情绪。一旦注意到这些变化,察觉出自己的情绪也就不难了。

为了培养这种意识,我们需要在不同场合和不同程度的压力下进行练习。可以从每天的点滴小事做起——和朋友吃饭、同客户谈生意、看一场伤感的电影、进行一场困难的讨论,利用这些场合来培养自己对情绪和感觉的把握。随着对自己身体反应的了解,察觉情绪会变得越来越容易,这样,我们就可以更频繁或在更为紧张的气氛下发觉自己的情绪。

由于掌握的信息量有限,所以想要了解对方的情绪很难。我可以观察你的一举一动,听你说话的语气,但我无法知道你的所思所想,对你的感觉也许是错误的判断。

尽管如此,我们仍可以根据某些肢体语言分析对方是否产生了大的情绪波动。试想,如果我处在你的位置上,表现出你那样的动作,用你那样的语气说话,我应该在想什么呢?

了解对方的感受越多,就越能避免伤人话语或行为带来敌对情绪的强化,避免做出有害无益的举动。总的来说,在触及问题的本质之前,我们有必要先观察一下对方的情绪状况。只要细心观察、多加体会,就能敏锐地察觉身体和嗓音的细微变化。

当然,也总有摸不准的时候。因此,为了找准对方的情绪,我们需要证实自己的判断。比如,你可以说:"你的手指似乎要嵌进椅子把手里了,我刚才问你的那个问题,你好像并不满意。我惹你发火了吗?"

第二,不要感情用事,要管住自己的行为。

光注意到自己的情绪还不足以控制行为。情急之下,我们可能没等自己作出理性决定就会贸然行事。心理学家认为,在发育过程中,大脑最先产生本能和感性反应。随后,大脑才会变得越来越理性,并逐渐可以控制一些低层次的本能反应。但险恶环境可能会直接引发感情和生理上的反应,导致理性思维出现"短路"。即使是稍有害怕或不信任感,也会让我们有所行动,如一走了之。短期来看,这样做虽然保护了自己,

第六章 动什么别动抱怨的底线

却对理智地解决问题不利。害怕遭到抛弃也会导致同样的反应。如果妻子威胁要离开丈夫，他可能会怒不可遏、孤注一掷，这种情绪无助于解决导致妻子威胁要离开他的问题。

如果自尊受到威胁，人们通常会感到不安全、害怕和愤怒，这些情绪会成为理智解决问题的障碍。有自卑倾向或担心失去自尊的人，通常会在争执中固执己见。他们怕丢面子，做事踌躇不决，这样最终只会使结局变得更糟。这方面的例子比比皆是，如南非白人拒绝同黑人谈判以及一位犹豫不决的未婚夫想要毁掉婚约却觉得无从下手。

我们有些情绪反应不是与生俱来的，而是从父母或朋友那儿秉承的习惯。孩提时代，我们都发现情绪爆发能引起别人的注意，促使情况发生改变，用发脾气的方式表达沮丧、愤怒或失望的心情有时是可以接受、可以原谅的。这种潜移默化的想法伴随着我们长大，使我们不自觉地认为如果发脾气、歇斯底里、大喊大叫、摔门或发号施令，就能得到我们想要的东西。

对失败的担心有时会超过达成协议带来的好处。有些人担心失败，因此就索性放弃，不再努力；而另一些人则从小就学会：就是掀掉桌子让游戏玩不下去，也不能输了这一局。但是大多数人都明白，如果每次眼看要输就不玩，那就没有人愿意同我们玩了。尽管如此，许多成年人在谈判中一旦处于下风，还是会试图破坏谈判进程。

有时候，我们失败或犯错误时会不自觉地为情绪所左右，其目的是为了逃脱责任。我们常常碰到这样的交通事故：肇事司机总是先跳出来指责无辜的一方。随着大喊大叫，肇事司机在情绪上会越来越激动，最终他也许能使自己和路人都相信他没有错。这时，他就是无意识地利用了自己的情绪来逃脱指责，回避负罪感。

再比如，我们可能会故意利用情绪给他人施压。如果饭店接待员告诉我们预订的房间没了，饭店已没有空房，我们可能会当场发作，用拳头砸柜台，要求见经理。因为我们认为这样做会奏效——也许确实会，因为没有哪家饭店愿意让人在自己的大堂里看到一位歇斯底里的客人。但是,如果我们用同样的方法去对待一位我们希望能够进行长期合作的伙伴,那么情况就不妙了。从长远来看,用情绪压制别人只会制造麻烦,而不能解决问题。

我们可以采用一些常用技巧来赢得时间。尽管我们不可能也不应该排除迅速产生的强烈感情,但我们能够控制这些情绪对自己的行为造成影响。在与人打交道时,只有等波动的情绪平静下来,自己能有所控制时,我们才能作出有利于大家的理性决策。

下面是一些具体技巧:

(1)稍稍休息一下

要减轻情绪波动所造成的负面影响,最简单的办法就是暂停接触,稍事休息。当双方都怒气冲冲或不满情绪高涨时,适当地休息一下能防止双方关系全面恶化。双方都能利用这个机会平静一下,想一想继续交往下去可能会带来的好处,并且琢磨出一个既能处理眼前问题,又不至于激怒对方的办法。借这个休息机会,我们还可以在手边的一些琐事上进行合作,比如一块儿修咖啡机、打开窗户换换新鲜空气等,从而改变一下气氛。

在一场激烈的讨论中,想要冷静地思考很难。如果可能的话,不妨要求第三方来掌控讨论的气氛,适当时候建议双方休息一下。有些家庭里会由一位家长来扮演这样的角色。

(2)从一数到十

我们都希望考虑周全了再行动。有时候,情绪上来得很快,还没等我们意识到就已然受其控制,不假思索地干出冒失事儿来。这种贸然举动又会激化对方的情绪,由此形成恶性循环,导致双方无法进行建设性的沟通。碰到这种情况,不妨从一数到十,强迫自己想想究竟是什么原因促使对方说出那样的话,然后想办法使谈话更富成效。每次回应对方之前,都有必要问一问自己:"此刻,我的目标是什么?"

(3)咨询请教

单独行动时,受感性而非理性因素支配的可能性会增大。总的来

第六章 动什么别动抱怨的底线

说,在涉及有关双方问题时,最好先同对方沟通一下。如果当时情绪剑拔弩张,或另有原因使双方不能沟通,那么,可以找一个朋友或同事咨询一下:"我的意见可行吗? 不利的方面是什么? 是否另有妙计?"

别失礼:抱怨也需要基本的修养

正如一位诗人所言:"动人心者,莫过于情。"抱怨也需要真诚、真心、不失礼、不失态。

1.别装:抱怨也需要真诚

如果想要说服对方认同你的观点,靠的是以诚服人、以情服人、以理服人、以德服人,这是感情、知识和心智力量使然。

只要抓住了对方的心,与对方交谈也就成功了一半。

如果为人真诚,说话之前先有了真诚的心,那么即使"笨嘴拙舌"也没有关系。有太多的事例一再说明,在与人交流时,表达真诚要比单纯追求流畅和精彩更重要。

1915年,小洛克菲勒还是科罗拉多州一个不起眼的人物。当时,发生了美国工业史上最激烈的罢工,并且持续了两年之久。愤怒的矿工要求科罗拉多燃料钢铁公司提高薪水,小洛克菲勒正负责管理这家公司。由于群情激奋,公司财产遭到了破坏,军队前来镇压,造成了流血事件,不少罢工工人被射杀。

在那种情况下,可说是民怨沸腾。小洛克菲勒后来却赢得了罢工者的信服,他是怎么做到的呢？原来,小洛克菲勒花了好几个星期结交朋友,并向罢工代表发表了一次充满真情的演说。那次演说堪称不朽,它不但平息了众怒,还为自己赢得了不少赞誉。演说的内容是这样的:

"这是我一生当中最值得纪念的日子,因为这是我第一次有幸能和这家大公司的员工代表见面,还有公司行政人员和管理人员。我可以告诉你们,我很高兴能站在这里,有生之年都不会忘记这次聚会。假如这次聚会提早两个星期举行,那么对你们来说,我只是个陌生人,我也只认得少数几张面孔。上个星期以来,我有机会拜访整个附近南区矿场的营地,私下和大部分代表交谈过;我拜访过你们的家庭,与你们的家人见过面。因而现在我不算是陌生人,可以说是朋友了。基于这份互助的友谊,我很高兴能有这个机会和大家讨论我们的共同利益。由于这个会议是由资方和劳工代表所组成,承蒙你们的好意,我得以坐在这里。虽然我并非股东或劳工,但我深觉与你们关系密切。从某种意义上说,也代表了资方和劳工。"

这样一番充满真诚的话语,可能是化敌为友的最佳武器。假如小洛克菲勒采用的是另一种方法,与矿工们争得面红耳赤,用不堪入耳的话骂他们,或用话暗示错在他们,用各种理由证明矿工们的不是,那结果只能是招惹更多怨恨和暴行。

真诚就像一颗种子,你细心维护它,它就会结出让你惊喜的果实。你真挚待他人,他人也会真挚待你,甚至你敬人一尺,人回你一丈。

但是,我们不能够把付出真情当作某种本小利大的低风险投资,使别人觉得你的"真情"只是一种交易的筹码,而算计的权利全在你的手中。

一个旅游团不经意间走进了一家甜品店,参观了一番后,并没有购买任何甜品的打算。临走的时候,服务员没有抱怨旅游团,相反,他更加热情了,把一盘精美的可可糖捧到了他们面前,并且柔声慢语:"这是我

们店刚进的新品种,清香可口、甜而不腻,请您随便品尝,千万不要客气。"如此盛情,使顾客不知不觉进入了甜品店营造的一种双方好似亲友的氛围之中。既然领了店家的"情",又岂能空手而归呢?旅游团成员觉得不买点什么,确实有点过意不去。于是每人买了一大包,在服务员"欢迎再来"的送别声中离去了。

如果这位服务员使这个旅游团的成员感到他的热情只是一种算计,那么结果只有一种可能,就是你越是热情,我越是拒绝。

我们所要强调的是,真情重在自然流露,在乎本性天成,每一句话都要是心里话,而不是"把装出来的热情做得不露痕迹"。只有做到真情、真心才能够在打动自己的同时打动对方。

一个真诚的人,一个具有人格魅力的人,即使不能舌绽莲花,也可以让一个能言善辩的人哑口无言!

2.别争吵:揣着明白装糊涂

这天,领导拿着一份文件,让小贾传真到市委宣传部,小贾照办了。可谁知,第二天,领导却怒气冲冲地走进小贾的办公室,当着众多同事的面,大声斥责小贾:"你怎么做事的?让你发份传真到组织部,你却给我发到了宣传部!"

小贾一下子就懵了。他回忆了一下,确定领导昨天向他交代的确实是宣传部而非组织部,他想领导一定是在情急之中记错了。可是看到领导愤怒的样子,小贾二话没说,主动承担了责任:"对不起,实在对不起!都怪我办事毛躁,本想抓紧时间办好,没想到犯了个大错。我一定会吸取教训的,保证不会再有第二次了!"

说完,他赶紧又给组织部发了份传真。又过了一天,小贾被叫到了领导的办公室,领导真诚地向他道了歉,说自己那天因为着急,错怪了小贾。自此,小贾在领导心目中的地位大大提升了。

古人有所谓行善不图报答之说。能够忍让的人在这时大多会装糊涂,一场是非也会在不知不觉中消失。等到终于水落石出后,别人会更加敬重这样的人。

现实生活中,常会出现做了好事却被人误解的情况。

曹节一向很仁慈厚道,隔壁邻居的一头猪丢失了,与曹节家中的猪很相似,邻居便到曹节家中认领。曹节没有和他争论,而是让他把猪领了回去。后来,邻居的猪自己跑了回来。邻居感到十分羞愧,给曹节认错并归还了他的小猪。曹节笑笑,收下了小猪。

陈重被推荐为孝廉,在衙门中当官。同衙门的一个官员负了数十万钱的债务,债主每天登门,不断地催债,陈重就暗地里用自己的钱为这个人还清了债。这个官员后来知道了这件事,非常感谢他,陈重却说:"不是我做的,大概是同姓名的人做的吧。"始终不提代人还债的恩惠。

傅尧俞任徐州太守时,前任太守挪用了公家的钱物,傅尧俞暗暗地替他还债,还没有还齐,他就被罢免了。接任太守反而写信给傅尧俞,说应当再还一千缗。傅尧俞便拿出了全部家产,还借了钱,才将这笔款子还齐。后来,上面检查得到证据,证明这钱并不是傅尧俞挪用的,而他自己却自始至终都没有申辩。

所以,即使你所打交道的是小人,也应当以忍让为先。知道他是小人,就用对待小人的方式对待他。不要反过来报复,如果报复,自己岂不也成了小人?

韩琦曾说,无论是君子还是小人,都应当以诚相待。如果你知道他是小人,与他交往少一点、浅一点就行了。

对于别人所施加的羞辱和难堪,只在一念之间:说它有,它就有;说它无,它就无。小时候,听到孩子们对骂,有的成年人就会以调侃的口气

劝,说骂人的话又沾不到身上,还不是过过嘴巴的瘾,你权当没听见就是了。话近谑而理实在,我们应该以宽容的心境面对羞辱,无论对方是有意还是无意。对付别人的羞辱,自嘲是一个不错的选择。

孔老夫子到了郑国,与弟子们失散了,孔子独自站在城郭东门。郑人对子贡说:"东门有个人,长得奇形怪状,模样好像丧家之狗!"子贡就把这话告诉了自己的老师,孔子却欣然笑说:"说我像丧家之狗,是这样的啊,是这样的啊!"一代宗师竟让人当着学生的面被骂作"丧家之狗",而孔子却乐哈哈地接受了下来,这就是伟人的气度。

一个人如果能够嘲笑自己,大抵也可以察觉别人的可笑。当你心胸开阔时,对于那些蝇营狗苟、一副小家子气之徒,难道不觉得他们的表演实在是可笑之至吗? 这就是"开口便笑,笑天下可笑之人"了。

人都有自尊心,有的人自尊心强烈而敏感,因而也特别脆弱,稍一触及便有反应,轻则拉下脸来,重则立即还击,结果常常是争了面子没面子;而善自嘲者的自尊心就皮实得多了,轻易伤不着。你说我是混蛋,我说不胜荣幸,你还能说什么呢?

自嘲不是自贬和怯弱,而是一种潇洒的自尊、大度的情怀。人际场上、官场上、生意场上,自嘲是保持自尊的武器,即使真的尴尬人偶遇尴尬事,自嘲一句便能找到下来的台阶。

自嘲不会伤害任何人,因此最为安全。你可用它来活跃谈话气氛,消除紧张;在尴尬中自找台阶,保住面子。

古代有个石学士,一次骑驴不慎摔在了地上。换了一般人一定会不知所措,可这位石学士却不慌不忙地站起来说:"亏我是石学士,要是瓦的,还不摔成碎片?"一句妙语,说得在场的人哈哈大笑,自然,这石学士也在笑声中免去了难堪。以此类推,一位胖子摔倒了,可说:"如果不是这一身肉托着,还不把骨头摔折了?"换成瘦子,又可说:"要不是重量轻,这一摔就成肉饼了!"这样说来,自嘲真是能解除尴尬的良药啊!

由此可见,自嘲时要对着自己的某个缺点猛烈开火才容易妙趣横生。只就这份气度和勇气,别人也不会让你孤独自笑,一般也会陪你笑上几声的。

嘲弄他人是缺德,嘲弄自己是美德。一个会自嘲的人,往往就是一个富有智慧和情趣的人,也是一个勇敢和坦诚的人,更是一个将自己上上下下、里里外外看得明白透彻的人。

在社交中,当你陷入尴尬的境地,借助自嘲往往能使你从中体面地脱身。在某俱乐部举行的一次招待会上,服务员倒酒时,不慎将啤酒洒到了一位宾客那光亮的秃头上。服务员吓得手足无措,全场人目瞪口呆。这位宾客却微笑地说:"老弟,你以为这种治疗方法会有效吗?"在场的人闻声大笑,尴尬局面即刻被打破。这位宾客借助自嘲,既展示了自己的大度胸怀,又维护了自我尊严。

在社交场合中,自嘲是不可多得的灵丹妙药。别的招不灵时,不妨拿自己来"开涮",至少自己骂自己是安全的,除非你指桑骂槐。智者的金科玉律便是:不论你想笑别人怎样,先笑你自己,这样还能拉近与别人的距离。

3.别说"不":用柔和的态度去拒绝

"小杨,请你今晚把这一叠讲稿抄一遍。"经理指着厚厚一叠至少有三四十页的稿纸对秘书小杨说。小杨听此,面对讲稿,面露难色,说:"这么多,抄得完吗?""抄不完吗?那请你另觅轻松的去处吧!"也许经理正在气头上,于是小杨被炒了鱿鱼。

小杨被"炒"实在令人惋惜,然而,这是可以想见的。像她这样生硬

直接地拒绝上司的要求,会让上司感觉她在对抗,不服从指示,被"炒"也就在所难免了。

在英剧《巴比伦饭店》里面有这么一段情节:一位为酒店服务了30年的门卫,因为一些原因不得不被辞退。总经理丽贝卡把这件事情交给了副经理查理,后者婉转地表示自己不愿意扮演这样一个角色,于是丽贝卡对他说:"你知道我为什么要聘用一个副经理吗?就是为了让他来替我处理这样的问题。"

很多时候,我们发现自己的上司都是不近情理的,下属存在的意义似乎就像丽贝卡说的那样,是为了解决那些上司不愿意做的事情。

事实上,我们听说过很多关于理想上司的故事——他们能力强却不张扬,他们能够授权并在你需要的时候伸出援手,他们对下属一视同仁,他们对别人的意见虚心接受,他们明智、完美、充满个人魅力,可最重要的是,他们都是别人的上司。反观自己的上司,他总是有这样那样的缺点,不够大度、不够灵活、不够体恤下属,我们总是碰不到能够完全令我们折服的上司,为什么?是因为现实如此,还是因为我们永远都只"看着锅里的"?

当我们对上司提出诸多要求的时候,当我们希望他能够集"睿智、善良、风趣、稳重、大度"于一体的时候,却忘记了上司也是普通人,有优点,当然也会有缺点。

理智的职场人能够在规避上司缺点的同时学习对方的长处,取长补短,提升自己的竞争力。毕竟,我们每一个人都不是为了上司工作,而是为自己。

其实,秘书小杨可以处理得更灵活些。

她可以立即搬过那一堆稿子埋头抄起来。过一两个小时后,把抄好的稿子交给经理,再委婉地表示自己的困难。那么,经理肯定会很满足于自己说话的威力,并意识到自己要求的不合理之处而延长时限。这样,小杨也就不至于被解雇了。

在工作中,我们也常会碰到一些来自上司的要求。如果你确实力不能及而不得不拒绝,千万不要马上表示不可接受,而是要先谢谢他对你的信任和看重,并表示很乐意为他效劳,再含蓄地说明自己的困难。这样,彼此都可以接受,不至于把事情弄得不愉快。

假如在一个周末,你正想给你陈旧的居室动一次大手术,收拾下家里的破破烂烂,晒晒被子,清理一下杂物,然后加班完成现在的工作任务。可这时,你的上司却突然给你电话,要你去远方出趟差,接受另一项工作任务。是拒绝,还是心不甘情不愿地碍于情面勉强答应呢?

显然,勉强答应下来的结果就是敷衍。即使任务完成了,也不见得能让上司和自己满意。这时,你最好的选择是拒绝。如何拒绝才能不让自己难堪,又不失去上司的信任呢?

你不妨这样做:如果非常不想去,那拒绝的理由一定要充足。首先设身处地,表明自己对这项工作的重视,表明自己愿意接受的心情;然后再表明自己的遗憾,具体说明自己为什么不能接受。如说:"我有件紧急工作,必须在这两天赶出来。"充足的理由、诚恳的态度一定能取得上司的理解。

但是也不可一味地拒绝。尽管你拒绝的理由冠冕堂皇,但是上司也许仍坚持非你不行。这时,你如果仍一再拒绝,上司就会以为你只是在推辞,从而怀疑你的工作干劲和能力,以致失去对你的信任,在以后的工作中,也会有意无意地使你与机会失之交臂。

如果上司非常需要找帮手来解他的燃眉之急,而你又有十万火急的事情要处理,那你不妨提出合理的接替方法。假如周末的时候,上司交代你速来公司完成一项任务,你不能接受,又无法拒绝。这时,你可以与上司共商对策,或者说:"既然这样,那么过一天,等我手头的工作告一段落,就开始做,你看怎么样?"你也可以向上司推荐一位能力相当的人,同时表示自己一定会去给他出点子、提建议。

用这些方法,你一定能进一步赢得上司的理解和信任,这也会为

你以后的工作铺一条平坦的大道。因为上司也和你一样,是普普通通、有血有肉、有感情的人,你用柔和的态度对他,他也会用柔和的态度对待你。

别强求:收起"不必要"的抱怨

有时候,我们很难分辨什么是自己真正想要的,什么是不想要的,这牵涉太多外在的期望和压力。然而,你必须在心底有明确的界线。要是你已经得到了你所要的,却仍不满足,还去强求,那么这样的抱怨非但于事无补,还会落个"矫情"的名声。

1.别强求理解——其实求心安就可以

理解,固然很美好,然而,事实上,由于年龄、性格、职业、知识结构、品德修养、生活经历等等因素的影响,人和人之间有时是很难互相理解的。

脆弱的人把许多精力放在了"求理解"上,到处自我表白、宣扬自己,把别人不理解自己当作最大的痛苦。

如果你过分希望得到理解,得到他人的赞成或默认,那么,当你未能如愿以偿时便会十分沮丧。

这正是自我挫败因素之所在。同样,当寻求理解成为一种需要时,你就会产生惰性。这是在将自我价值置于别人控制之下,由他人随意抬高或贬低,只有当他们决定施舍给你一定的理解之辞时,你才会感到高兴。

一只老猫见到一只小猫在追逐自己的尾巴，便问："你为什么要追自己的尾巴呢？"

　　小猫答："我听说，对于一只猫来说，最为美好的便是幸福，而这个幸福就是我的尾巴。所以，我正追逐它，一旦我捉住了我的尾巴，便能得到幸福。"

　　老猫说："我的孩子，我也曾考虑过宇宙间的各种问题，我也曾认为幸福就是我的尾巴。但是，我现在已经发现，每当我追逐自己的尾巴时，它总是一躲再躲；而着手做自己的事情时，它却总是形影不离地伴随着我。"

　　同样的道理，如果你希望得到理解，最为有效的办法恰恰是不去渴望、不去追求、不要求每个人都理解你。只要你相信自己，并且以积极的自我形象为指南，你便可以得到许许多多的理解。

　　当然，一个人不可能事事都能得到每个人的理解和赞许，但是，如果你认识到自己的价值，即使得不到理解和赞许，也不会感到沮丧。你将把反对意见视为一种自然现实，因为生活在这个世界上的每一个人对世事都有自己的看法。

TIPS：消除误会的九种妙法

　　误会即指别人对你的看法与你的实际情况不符，是无意之中产生的认识上的错觉。形成的原因主要有两个方面：一是自身的言行不够谨慎，言谈行事有欠周到、欠细致、欠精明之处，致使他人不能准确地领会你的意图；二是对方的主观臆测。由于每个人不同的经历、学识、价值观、气质、心境等因素的影响，对同一件事、同一句话，不同的人会有不同的理解。

误会会给我们带来痛苦、烦恼、难堪,甚至产生始料不及的悲剧。所以,陷入误会的圈子后,我们必须调整自己,采取有效的方式予以解除,使自己与他人都尽快地轻松、舒畅起来。

(1)消除自我委屈情绪

出现误会后,不必为自己辩解。总以为自己正确、有道理、不被理解、心中怀有委屈情绪的人,必定不愿开口向对方作解释。这种心理障碍会妨碍彼此间的交流。此时,要多替对方着想,无论他是气量小也好,心眼窄也好,不了解真相也好,不理解你的一番苦心也好,都不必去计较,只要你真诚地向他表明心迹,误会便会消除。

比如你同朋友争论一个问题,当时有许多人在场,你本无意压他一头,让他当众出丑,但当时不能自制,说了许多过头的话,伤了他的自尊,使他误以为你在出风头,给他难堪,使他下不了台。事后,你应真诚地向他道歉,这样才能保持友谊,而不要怪罪对方小心眼,从而断绝来往。否则,你们就会因一次争论而导致关系破裂,由朋友而变成冤家。

(2)查清原因方可化解怨恨

产生误会后,一方怒气冲冲,充满怨恨、敌视;另一方满腹狐疑、委屈压抑。于是,双方隔阂越来越深,而且一谈即崩,大有新的误会接踵而来之势。此时,你需要冷静,你必须下一番工夫内查外调,搞清楚对方的误解源于何处,否则,无论你费多少口舌,也无法解释清楚,搞不好,还会越描越黑、弄巧成拙。

(3)书信可传情

面对一封信要比面对当事人从容得多,当面难以启齿的话题在信上却能坦然地表达出来。书信效果往往比当面交涉的效果更佳。但要注意,写信时措辞一定要简短、亲切、明了,切勿啰啰嗦嗦,令人生厌;语气需真挚、诚恳,要充分表达出自己愿意消除误会、重新和好的急切心情,表达自己至今仍铭记以往的友情以及对对方的信赖和尊敬。

(4)行动是最好的证明

有的误会用语言解释不清楚,那么就用与之相反的行动去证实。

如朋友误解你同某一异性有暧昧行为,你又说不清楚,那么,你只要与自己的爱人相依相伴、相敬如宾、亲密无间、出双入对,令他人找不到破绽,谣言便会不攻自破,误解也就自然会消失。又如,知名度高的人,一般都要求得到他人格外的尊重和赞扬。如果你毫无顾忌地对他批评、指责,便会被人误认为怀有嫉妒之心。尽管你尽力辩白,声称没有此意,别人也不会相信。此时,你的惟一对策是在今后的工作中,虚心向其求教,注意肯定他的长处,更不与他争荣誉、争地位,在他被人攻击诽谤时,站出来讲几句公道话。做到这些,你们以前的误会便可烟消云散。

(5)战胜自己的懦弱,当面说清

误会的类型千奇百怪、多种多样,但最简捷、最方便的解决方法便是当面说清,大多数人也都欢迎这种方法。有人由于懦弱,不敢当面对质,结果把问题搞得极为复杂。记住,如果有的误会需要亲自向对方说明,你一定不要找各种借口推脱,一定要克服困难,战胜自己,想方设法当面表明心迹,千万不要轻信第三者的只言片语。

(6)不可放过好时机

解释缘由,消除误会,必须选择好时机,一定要考虑对方的心境、情绪等感情因素。大多可选择提干、涨工资、定职称或参加婚宴等喜庆日子。此时,对方心情愉快、精神放松,胸怀也较为宽广。抓住这个时机表白,往往能得到对方的谅解,使你们重归于好。

(7)越拖越被动

有人被误会搞得焦头烂额,总觉得心中有难处,不好启齿,结果碍于情面,时间越拖越长,误会越来越深,到最后无限制地蔓延,形成了令人极为苦恼的结果。所以,有了误会要迅速解释清楚,时间越长,就越被动。

(8)请领导、同事帮忙

人与人之间的误会常常是在工作中产生的,双方的误解涉及许多因素。个人解决可能会受到限制。故请他人帮忙,也不失为明智之举。

(9)重新聚会

你觉得区区小误会，没必要兴师动众、大费口舌，也不便于直说，但双方在心理上又都觉得不愉快，有了生疏感。此时，你可邀请对方故地重游，或聚会畅谈。在和谐、友好的气氛中，彼此心理上的距离会缩短，以往的不快便会自然地消失。

2.别强求同——要知道"小事和而不同，大事同而不和"

若想朋友之间能够长久交往，温良恭俭谦让的谦和之德与礼貌之举是必不可少的。不过，朋友之间如果只是一味地重视礼让，不但会贬低自己，还会丧失原则，结果恐怕会更加糟糕。所以，朋友间的交往要恰如其分、不强交，不苟绝、不面誉以求新、不愉悦以求合。

朋友之间在非原则问题上应谦和礼让、宽厚仁慈、多点糊涂，但在大是大非面前，则应保持清醒，不能一团和气。见不义不善之举应阻之正之，如力不至此，亦应做到不助之。如果明明知道有人在行不义不善之事，却因他是长辈、上司、朋友，即默而容之，这就是一种很自私的趋避。有时候，立定脚跟做人的确要冒风险，也可能会受到暂时的委屈，受到别人的误解。但是，这种公正的品德最终一定会赢得人们的尊敬。

有一次，唐太宗李世民与吏部尚书唐俭下棋。唐俭是个直性子的人，平时不善逢迎，又好逞强，与皇帝下棋时使出了自己的浑身解数，把唐太宗打了个落花流水。唐太宗心中大怒，想起他平时种种的不敬，更是无法抑制自己的怒气，便立即下令贬唐俭为潭州刺史。之后仍不解恨，又找来尉迟恭让他去唐俭家一次，听唐俭是否对自己的处理有怨言，若有，即可以此定他的死罪。

尉迟恭听后，觉得太宗这种张网杀人的做法太过分。所以，当第二天太宗召问他唐俭的情况时，尉迟恭不肯回答，反而说："陛下，请您好好考虑考虑这件事,到底该怎样处理。"唐太宗气极了,转身就走。尉迟恭见了,也只好退下。

唐太宗冷静下来自觉无理,为了挽回面子,他大开宴会,召三品官入席,并宣布道:"今天请大家来,是为了表彰尉迟恭的品行。由于尉迟恭的劝谏,唐俭得以免死,我也由此免了枉杀的罪名,并加我以知过即改的品德,尉迟恭自己也免去了说假话冤屈人的罪过,得到了忠直的荣誉。尉迟恭得绸缎千匹之赐。"

唐太宗这样做,当然主要还是为了显示自己的"明正";尉迟恭这样做当然是为了唐太宗好,但也是为了自我保护。假如尉迟恭真的按唐太宗的"恶"去做,又怎知唐太宗某天"改恶从善"起来,不治罪尉迟恭呢?

与朋友相处也是一样。

如果是真心待人,就应该对他加以爱护,不但要帮助他渡过重重难关,也要帮助他去改正一些错误。天长日久,朋友们自然会了解你的为人和品格,包括自己的上司和同事。

3.别过分记仇——人要有点"不念旧恶"的精神

有一句名言说"生气是用别人的过错来惩罚自己"。老是念念不忘别人的坏处,最受其害的其实是你自己的心灵,把自己搞得痛苦不堪,何必呢?

乐于忘记是成大事者的一个特征,既往不咎的人,才可甩掉沉重的包袱,大踏步地前进。

人要有点"不念旧恶"的精神,况且在许多情况下,人们误以为"恶"的,未必就真的是什么"恶"。退一步说,即使是"恶",只要对方心存歉意、诚惶诚恐,你不念旧恶、礼义相待,进而对他表示亲近,也会使为

"恶"者感念你的诚,从而改"恶"从善。

唐朝的李靖曾任隋炀帝时的郡丞,他最早发现李渊有图谋天下之意,向隋炀帝检举揭发了李渊。李渊灭隋后要杀李靖,李世民再三请求保他一命。后来,李靖驰骋疆场、征战不疲、安邦定国,为唐王朝立下了赫赫战功。魏征也曾鼓动太子建成杀掉李世民,李世民同样不计旧怨、量才重用,使魏征觉得"喜逢知己之主,竭其力用",也为唐王朝立下了丰功。

宋代的王安石对苏东坡的态度,应当说,也是有那么一点"恶"行的。他当宰相那阵子,因为苏东坡与他政见不同,便借故将苏东坡降职减薪,贬官到了黄州,搞得他好不凄惨。然而,苏东坡胸怀大度,他根本不把这事放在心上,更不念旧恶。王安石垮台后,两人的关系反倒好了起来。苏东坡不断写信给隐居金陵的王安石,或共叙友情,互相勉励;或讨论学问,十分投机。苏东坡由黄州调往汝州时,还特意到南京看望王安石,受到了热情接待,二人结伴同游、促膝谈心。临别时,王安石嘱咐苏东坡:将来告退时,要来金陵买一处田宅,好与他永做睦邻。苏东坡也满怀深情地感慨说:"劝我试求三亩田,从公已觉十年迟。"二人一扫嫌隙,成了知心好朋友。

相传唐朝宰相陆贽,有职有权时曾偏听偏信,认为太常博士李吉甫结伙营私,便把他贬到了明州做长史。不久后,陆贽被罢相,被贬到了明州附近的忠州当别驾。后任的宰相知道李、陆有这点私怨,便玩弄权术,特意提拔李吉甫为忠州刺史,让他去当陆贽的顶头上司,意在借刀杀人,通过李吉甫之手把陆贽干掉。不想,李吉甫竟不记旧怨,上任伊始,便特意与陆贽饮酒结欢,使那位现任宰相的借刀杀人之计成了泡影。对此,陆贽自然深受感动。于是他积极地出谋划策,协助李吉甫把忠州治理得一天比一天好。李吉甫不搞报复,宽待别人,也帮助了自己。

最难得的是将心比心,谁没有点过错呢?当我们有对不起别人的地方时,是多么渴望得到对方的谅解!是多么希望对方能把这段不愉快的往事忘记啊!那么,我们为什么不能用如此宽厚的理解会为他人开脱呢?

延伸阅读:不要动老板的底线

职场上抱怨在所难免,但是抱怨的时候,千万不要触到老板的心理底线。

那么,老板的心理底线在哪里?也许我们能归纳出一些共同的底线。

老板雇用你的目的是要你为企业赚钱,如果你不能为老板赚钱,老板自然不会养着你。可是这种底线太过于宽泛,以至于不能成为底线。如果你不是被老板高薪请来的打工皇帝,就根本不需要注意这个底线,因为老板是对性价比最敏感的人,有用没用,全看你值多少钱。

当然,如果你是公司中鹤立鸡群的高薪人员,特别是光环一大串(名校MBA、"海龟"、500强工作经历等),你就必须打起十二分精神来了。要知道,你的高薪始终让老板肉疼,如果你没有达到老板对你的预期目标,那么随时随地都可能触及到老板那些捉摸不定的心理底线。到时,哪怕你知道老板的一千种心理底线也没用,因为你的老板一定还有第一千零一个你不知道的心理底线。

其次就是千万别偷老板的钱。其实这也是一个又宽又大,以至于不能成为底线的底线。为什么?因为每个老板的气度和管理哲学都不同,比如拿回扣肯定算是偷老板的钱,可是很多公司老板,明知道食堂采购员吃回购,却睁一只眼闭一只眼。另外,用公司的钱请私人朋友吃饭算不算偷老板的钱?借出差的机会游山玩水算不算偷老板的钱?因此,这条底线是否存在,也要因人而异。

还有,功高不能盖主也应算是老板的心理底线。可是,这个逻辑在产权清晰的公司中是不成立的。为什么?因为发工资的人和领工资的人自己心里清楚谁是真老板。我在香港就见过一家公司,开始总以为那个在公司内外一言九鼎的董事长就是老板,可是后来才知道一个天天打麻将从来不穿西装的80多岁干巴老头才是真老板。

其实,功高能不能盖主,关键在于是不是能把老板颠覆。颠覆老板的情况在亚洲企业很少发生,因为在亚洲,家族控股的企业居多;相反,如果你是在美国上市公司打工,那就要注意了,因为美国上市公司的股权非常分散。比如,纽交所上市公司的大股东平均控股比例不超过5.4%,这种公司老板是谁有时并不清楚,有的公司CEO是老板,有的是董事会主席,还有的是董事会和CEO平分老板的角色。这种公司就同我们熟悉的国营企业差不多,因为每个人都不是真老板,每个人又都想当老板,于是就要防着下属有可能把势力做大,颠覆自己。

老板也是人,人尽管有共性,但恰恰是个性,才决定了人与人的不同。而恰恰也是个性,才决定了老板的底线很特殊。

老板们不仅有性格上的差别,也有体制的差别,比如国营企业老板和私人企业老板的心理底线肯定不同。如果你在国营企业打工,如果在没有工作需要的情况下,你总同你老板的上级接触,那么你老板心里肯定会不舒服,不舒服久了,老板的心理底线一过,你就大难临头了。当然,这条规则也不仅限于国营企业。在合资公司或上市公司,如果你经常越过CEO同大股东或董事会成员打高尔夫,你老板心里也一定会不舒服。

老板不仅有性格和体制上的不同,还有性别上的差异。如果你的上司是一个曾被第三者夺走丈夫的女人,而你恰好又是个如花似玉、风情万种的年轻女下属,那你就要加倍小心了。特别是在她的生理敏感时期,你每分每秒都会触及她的心理底线。这就是相貌普通的女老板很少有漂亮女下属的原因。

除此之外,即使是同一个老板,他在公司不同发展阶段也会有不同的心理底线。

当他的资金链快断时，你只要能帮他搞到钱，他可能几乎没有什么心理底线了；当公司开始像模像样了，而老板也有闲暇到北大、清华学EMBA了，回来之后，老板的心理底线可能就会发生改变。为什么？因为老板的眼界开了，知道什么是"高素质"的人才了，因此那些打江山的非正规的"低素质"下属，可能就会经常触及他的心理底线——"这种素质的人，怎么可能实现公司的宏图大略？"不仅如此，通过学习世界500强，老板也知道了"企业要想成为百年老店，就必须有高尚的企业文化"。因此，过去那种习以为常的"不正规"做法，很可能被变得"高尚"了的老板所厌恶。

在每个老板的不同人生阶段，也会有不同的心理底线。当老板的钱越来越多，多到他这辈子都花不完时，老板就会开始真心关注社会责任。这时，你一旦提出一个有创意的慈善活动，就很可能会得到赏识；反之，当他正在同竞争对手进行短兵厮杀时，如果你提出一个增加处理污染的开支，可能就会在他心里永远留下一个不识时务的烙印。

我们还必须时刻提醒自己：大多数老板的压力要比打工的大：打工的被炒了鱿鱼，大不了影响一家人；老板要做不好，就会影响一大群人。不仅如此，当过老板的人大都不会打工，因为人都是上去容易下来难。心理学已经证明：心理压力过强，人就会变态。于是，老板的心理底线有时就会跟着心理压力而变，而有些人就会因此而被莫名其妙地炒鱿鱼，以至于过了很多年后，他们仍然对老板耿耿于怀："那家伙是个喜怒无常的疯子！"

所以，天底下根本就没有一套标准的老板心理底线。聪明的打工者必须有伴君如伴虎的职业精神，要懂得审时度势地试探你老板的特殊底线。

不过，你要知道，老板是天底下最大的实用主义者，赚取利润是他们的天职。作为下属，你只要能帮着老板完成他的使命，那么在你面前，老板一定是天下最宽容的人。我见过太多的老板，在能干的下属面前，

他们有着上帝一样的包容心；而面对不能干的下属，他们转眼就会变成"黄世仁"。同样，我也看过太多精明的下属，他们中的大多数都把过多的精力放到了揣摩老板的心思上。这些人有时如鱼得水，能很快得到老板的欣赏。可是，如果他们只会迎合而不能给老板带来收益，那么他们不久就会在讲究实效的老板那里失宠。

第七章

培养好心态，让"抱怨"更有含金量

遇到不顺心的事情时，抱怨是人们发泄不满情绪的一种方式。然而当下，抱怨却成了某些人的生活习惯，成了他们对抗现实矛盾的一种手段。

我们不是不可以抱怨，而是要学会追根溯源、理性分析、理性"抱怨"，并务实地呈现解决之道。

如果你不能慎重衡量抱怨的目的
就很可能承担自己不想要的结果

事物存在的问题总是比解决方法更显而易见。

所以,抱怨前你要想清楚,万一自己的抱怨发挥了作用,你会喜欢它的结果吗?

如果你不能反复检视自己抱怨的目的, 就很可能不得不承担你不想要的结果。

1.抱怨背后的心理分析——看看你属于哪种抱怨

了解爱抱怨者的心理成因,有助于我们理解并与他们相处,帮助他们以更积极的心态面对生活。

期望不合理

抱怨最直接的诱因是对现状(包括自己、他人、环境等)不满,这也就意味着当事人内心有一个标准或期望值。

"为什么我父母不是富翁?"

"为什么老板没有让我晋升?"

"为什么我不能受到更多的训练?"

"为什么我没有做到?"

"为什么没人告诉我应该这样做?"

"为什么我总是找不到爱我的人?"

……

所有这些"为什么"对你所产生的影响很大。它们控制了你的心态和情绪，让你把生命的很大一部分精力和时间都放在了这样的抱怨之中，这样长久下去，只会加剧你害怕自己是一个无价值、无力量、无用的人的恐惧。

现在，你可以尝试用"如何"来替换它们，使自己充满热情和挑战。例如，你可以问自己："我如何才能做到？""我如何才能让老板给我升职？"等等。

有什么样的问题，就有什么样的人生，你会迅速看到你的惊人转变。

把"为什么"转变成"如何"，能够给你超出你所想象的更有建设性、更愉悦的人生。

有些人总是抱着不切实际的幻想，或者不能随着社会环境的发展变化而灵活适应，于是反复受挫、怨言不断。比如，不顾自身条件而坚持用完美的标准挑选结婚对象，结果只能一直孤独下去；老年人总是坚持过去的价值观和生活方式，不能学会欣赏并接受新事物、新变化，难免会有被社会遗忘的失落感。我们可以尝试在不损害对方自尊心的前提下，帮助他们改变认知，合理设置期望值。看事物的眼光不同了，心情也会随之改变。

缺乏自信和行动力

抱怨别人是一件相对容易的事情，因为只需把过错推到别人头上，自己仿佛就没有责任了。不敢承认自己的缺点和失败，不愿承担改变和行动的责任的人，只能说明他缺乏自信和行动力。抱怨只会使他们失去自我完善和发展的机会，继续在错误的道路上徘徊不前。如果你想帮助他人，就应该制止他的抱怨，迫使他进行自我反省。只有这样，他才能走出越抱怨越失败的恶性循环。

有些人之所以喜欢抱怨，往往是因为内心的恐惧。你害怕别人知道做事不利的根源，在于你自己：你害怕面对事情，害怕面对问题本身，害怕和别人交流。

例如,当你的事业失败时,你会带头抱怨,因为你害怕遭到别人的质疑或嘲笑。于是,你告诉你的朋友,不是你没有努力,而是恶劣的客观环境造成的,觉得好像这个行业不可能成功一样。但事实并非如此,你失败的原因多半在于你自己,要么是没有努力,要么是没有找对方法。而那些听你抱怨的人呢?他们会根据你所说的频频点头,这样的结果正是你想要的——"看,我就知道问题不在我,他们也都这么认为!"

当你面对一个难题的时候,你的恐惧之心占了上风,你害怕不能战胜难题,你同样害怕自信心被伤害。于是你又开始抱怨,你想避开痛苦,想通过抱怨削弱自己内心的恐惧。今天上司给了你一份策划书,让你在明天早上开会前准备好。天哪,这对你来说真是件不容易的事。你十分害怕准备不好而遭到上司的责备和同事的鄙视,最后连你自己都开始怀疑自己的能力。于是,在你开始行动之前,嘴里不禁又开始抱怨起来:"老板真是不公平,让我在这么短的时间做这么难的事!""小李明明比我清闲,为什么偏偏不找她?真倒霉!"

你恐惧的内心让你终日抱怨,于是你意志消沉,变得更加软弱。有趣的是,你忽略了非常重要的一点:做事的成败取决于你做事的态度。

每个人都会经历生活中各种不如意的事情,有的人采取的是积极的方法,比如福特汽车公司退休的前总裁唐纳·彼得森。当他执福特公司帅印的时候,正赶上美国汽车业不景气和通用汽车一枝独秀的情景,他的做法不是跟自己说:"天哪,真倒霉,赶上这么个光景!"而是不断征询设计者的建议,推出"金牛"和"黑貂"两种车型,在当年的盈利上首次超过通用汽车公司。

情感表达不当

有些人把抱怨当作表达情绪的一种方式,但结果常常适得其反。父母抱怨子女工作太忙太拼命,其实是想表达对子女的挂念;妻子抱怨丈夫不顾家,其实只是希望他能多陪陪自己……可惜被抱怨的人并不总能听懂抱怨背后的情感,他们很容易会将抱怨理解为批评指责,然后针锋相对,最后演变成"战争"。亲人之间情感的表达应当采取积极、正面的方式，具体技巧可以请教心理咨询专家。

习惯性抱怨

如果你被别人欺骗了，你可以怨天尤人、痛骂社会，甚至自责，但事情却不会因此而有所改变，这一切只会改变你和你日后的生活，使你负着疤痕继续活下去。我想，大部分人都是这么一直抱怨下去，让局面来控制自己的。

现实中存在不少这样的人，他们把抱怨当成聊天的一个内容，而不去寻找其他的话题。即使没有特别的事情发生，他们可以抱怨的事情也是五花八门：天气、交通状况、商场里拥挤的人群、银行里的长队、变老的事实、待遇太少、疾病的困扰、子女的问题，等等。

大多数人都会觉得抱怨是很好的发泄工具，在受到挫折或面临困难的时候可以放松自己的心情，但却忽略了这种情绪给自己带来的严重负面影响。

爱抱怨者，可能很难意识到，很多抱怨都是自己一手造成的！你的工作没做好，上司自然会找你麻烦；你不注意减肥，当然没有适合你的衣服；你不看天气预报，被雨淋了又能怪谁？所以，当你试图抱怨的时候，不妨先从自己身上找找原因。否则，一旦你养成了抱怨的习惯，就会把自己的问题隐藏起来，最终使你成为问题重重的员工，上司只能痛下决心解雇你；你会失去那些本来喜欢你的朋友，因为你的抱怨让他们感到心烦；你的家人会感到失望，因为你让他们跟着你遭受了太多的不愉快……这会形成恶性循环，你的抱怨越严重，你的心境就会变得越糟糕！

如果一个人把抱怨当成习惯，就会失去与别人交流的能力。你有没有这种经历？在你心情很好的时候碰到一个人，这个人一上来就说天气有多么糟糕、他的生活多么黯然无光，此时，你的大脑会随着他的语言思考，结果，你脑中的画面就会变成一幅幅不愉快的景象，你的心情也会因此而变得莫名压抑。在下一次，你会尽量避开与这个人交流。

2.不要让自己抱怨以后更抱歉

玉茹,今年快40岁了。研究生毕业后,她就顺利考取了公务员。转眼间,她在这个单位已经服务十多年了,但是每次升迁的机会总是跟她擦身而过。这些她都能忍受,最令她感到难过的是,单位里的人似乎都在有意无意地孤立她。

在跟心理师咨询的初期,玉茹认为自己人际关系不好的原因有两个:一是自己比身边多数人来得聪明些,因此容易遭妒;二是自己"有话就说"的个性太容易得罪人。

单位里面原本还有些人跟她交情不错,会找她聊聊天或放假时约她一起逛街。但是一段时间后,这些人也开始逐渐远离玉茹,因为他们发现自己好像变成了玉茹的"情绪保险箱",每次谈话的主题都会被玉茹主导为对某一位同事的不满与批评。

更令对方感到沉重的是,玉茹总在抱怨完毕之后,以双方"友谊"为筹码,要求对方不得向任何人透露当天谈话的内容。但是几乎毫无例外,每隔一段时间,办公室里总会传出玉茹控诉某位同仁如何背叛她。

可想而知,玉茹在办公室里的"友谊"愈来愈稀薄,她总是盼望赶快有新的同事来报到,衷心期待或许有一天,自己终于能够遇到一个值得信任的朋友……

相信不少人都有类似的经验:遇到不开心的事情时,如果能找到一位了解自己的朋友倾诉,往往会明显感受到情绪的提升;相反的,如果倾诉的对象不同,也有可能得到反效果。这是什么道理呢?原来这并不是心理作用在作祟,而是与不同的对象倾诉,的确会对大脑产生不同的影响。

《发展心理学月刊》(Developmental Psychology) 曾刊登过美国哥伦

比亚大学针对813位学生所做的研究，研究得出了一项惊人的结论：经常跟朋友抱怨，反而会更沮丧，而且在女性身上表现得比男性更严重！

这个发现似乎与我们所认知的"友谊"功能背道而驰。朋友的重要功能之一，不就是心情不好时，能够听自己诉苦吗？

主持这项研究的心理学家发现，无论男女，当遭遇到问题时（如被公司同事孤立或喜欢的对象不理睬自己），通常都喜欢找朋友诉说。但如果这些耗尽漫漫长夜的促膝长谈或昂贵的电话账单持续了6个月或更久，女性焦虑和沮丧的情绪会明显恶化，而男性的焦虑和沮丧的情绪虽没有恶化但也未见任何改善。

从心理学的角度分析，抱怨有两种基本类型："工具型"和"表达型"。工具型抱怨者有明确的目的，藉由说出问题，进而解决问题。而表达型抱怨者则是不吐不快。

你不想变成爱抱怨的讨厌鬼，却忍不住要抱怨吗？根据克莱森大学的研究，"工具型"的自尊心较高，而"表达型"的自尊心较低，"表达型"容易让朋友敬而远之。若要避免变成"表达型"的抱怨者，你有5招可以使用：

● 抱怨的对象是能够解决问题的人
● 抱怨的对象是愿意解决问题的人
● 抱怨的时机最好挑选对方有心情聆听的时候
● 抱怨的地点挑选能维护谈话隐私的地方
● 能举例说明抱怨的事项确实存在

祝福你，不要让自己抱怨以后更抱歉！

3.你是被抱怨驾驭，还是你驾驭抱怨？

抱怨是门高深的学问，抱怨的使用其实是一种统御智慧，而不只是个人情绪的发泄。驾驭抱怨的人绝对不会随便抱怨，只有当其所制定的

规矩、原则被破坏时才会出手。

还有一种人，虽然也会抱怨，但却总是能巧妙地把怒气发在正确的时间点上，而且，明显可见其情绪并未被抱怨所驾驭，反而是他在驾驭抱怨，利用抱怨来替自己促成工作的运转，排除那些阻挡工作的障碍。

真正的成功者，不是不会抱怨的老好人，也不是被抱怨驾驭的恶魔，而是懂得利用"抱怨"作为完成工作任务、推开拦阻力量的执行策略的智者。

那么，该如何分辨被情绪所驾驭的抱怨与利用抱怨来推动成功的差别？

你可以观察抱怨者的言行举止。

被抱怨驾驭：口无遮拦、毫无原则地随便骂人

被抱怨所驾驭的人，通常都口无遮拦，什么难听的话都能飙出口，骂人骂到脸红脖子粗，还会进行人身攻击，但完全于事无补，甚至还会反过头来让原本已经碰上困难的工作更加棘手(例如宣布怠工，放弃任务)，明显可以感觉他只是在发泄情绪。

而且，对他们而言，什么事情都可能成为其发飙的原因，毫无道理可言，令人无法捉摸。他们不受管理的怒气会破坏工作环境，造成员工间彼此猜忌、疏离以及员工对老板的不信任，从而阻碍公司全局的发展。

驾驭抱怨：冷静且有原则

相反，懂得利用抱怨的人，其实相当冷静，他们嘴巴所说出来的话全都是就事论事，条理分明，就算是批评员工，也多半是用挖苦式的嘲讽、幽默的口吻，绝对不会有半句羞辱或人身攻击的言语。最重要的是，他们能明确指出问题所在，提出解决办法(至少是指出一条正确的方向)。

懂得驾驭并善用"抱怨"情绪的人，领导统御能力肯定强。他们善于利用愤怒的力量向谈判者施加压力，因为好言善语已经无法推动其继续执行任务或克服难关了，只好利用愤怒向对方施加心理压力，以此作

为推动工作小组上紧发条、按部就班执行工作,破除阻碍的力量。他们甚至会让自己在某种程度上扮演坏人,以将所领导的团队基层部属团结起来,激发出"我们可以办到,我们要证明给你看"的气势。

举例来说,军队里的士官长,每天看似逞凶斗狠地对阿兵哥大声叫骂,但大多数人其实是在利用愤怒作为迫使阿兵哥的行动更有纪律,好完成军队组织行进的运作。对军官来说,发怒只是推动军队的一种手段,不是真的成天到晚脾气暴躁,找士兵麻烦(虽然的确也会有这类人存在,但从言谈举止上绝对能分辨出两者的差异)。

下次,当你的上司再发飙时,先别急着和对方杠上,或自觉委屈,不妨仔细留心其发飙时的言谈内容,了解你的上司究竟是个只会发泄情绪的人,还是一个懂得利用愤怒来推动工作的人。也许,你可以因此而改变面对上司怒气的态度,在工作上取得更好的成就!

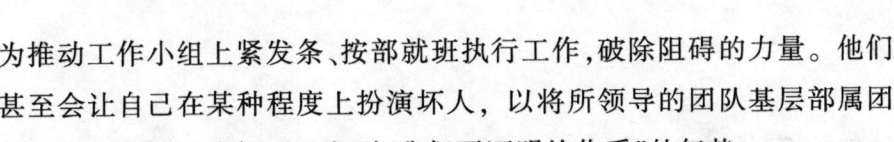

抱怨的倾吐会泄露一个人的脆弱面
——要说可以,但不能"随便"说

普通人有一个共同的毛病:肚子里搁不住抱怨,有一点点不顺心之事,就总想找个人谈谈;更有甚者,不分时间、对象、场合,见什么人都把抱怨往外掏。

心理学家说,人若有抱怨,应该说出来,才不会在心内郁积,憋出病来。这个说法是没错的,可你要注意:要说可以,但不能"随便"说。

之所以处理抱怨要如此慎重,是因为抱怨的倾吐会泄露一个人的脆弱面,这脆弱面会让人改变对你的印象,虽然有的人欣赏你"人性"的一面,但有的人却会因此而下意识地看不起你。

1.多方磨炼自控能力——行为学抱怨法

行为学家在分析了人们成功的因素之后，告诉我们在自制问题上可以采取几种科学的培养方法。当你拥有了足够的自制力后，抱怨就会有更多的技术含量。

(1)控制自己的思想

这一点可以说是与国人传统的认识相吻合的。没有意识作为先导，人就不可能有具体的行为。控制思想，就要明白自己想要什么、不能要什么，这是认识的问题；然后再弄清楚，怎样拒绝不能做的事、强制自己专做该做的事，这是方法的问题；最后再掂量一下，自己做了会如何，不做又会如何，这是建立毅力的前提，是由控制思想向控制行为过渡的问题。

(2)控制目标

目标是思想的核心，更是行动的指南，也是取得成功的重要方法。人不可能无为而治身，而要有一定目的；做事都要有计划，不能东一下西一下，无头无序。

目标可以帮助你做很多事。你想成功？你想取得什么样的成功？你想怎样达到成功的目的？你的长期计划是什么？中期计划是什么？短期目标是什么？如何去修正你的目标？拿这一系列问题问自己，你的心自会明亮许多。

需要强调的是，控制好目标也是取得成功的一种重要方法。只有目标与毅力、意志、方法，而没有控制力，就如同想渡河，而没有船一样。

想要控制目标，首先要制订目标。目标要有长期的、中期的，也要有短期的。就像我们买衣服，买皮衣时，要考虑到这件皮衣要能穿个三五年；买裙子时，则只须想着能穿过这个夏天即可。不同的衣服，穿着时间不同，就要在价格、质量等方面做不同的考虑。

再如高中生参加高考,在复习阶段,他们应制订类似这样的目标:5个月之内,我要怎么复习?近一两个月内,我该重点攻克哪一门课程?每周周六,我该完成计划中的哪些事?如此,中长期目标与短期目标并举,做起来就心中有数、忙而不乱了。

修订目标也是重要的一步棋。目标永远是超前的考虑,你做到某一步时,一些意料不到的事情就会出现、发生。在这个时候,如果不及时地修订目标,目标就会因不能按计划执行而处于废弃的危险境地。修订目标就像整理自己的衣柜,到一定时候,就要看看,哪些衣服还能穿,哪些衣服不能穿;哪些衣服要缝补改装,哪些又要添置新的。不断整理,才能让衣柜里的衣服随时满足自己衣着的需要。

(3)控制时间

人生活在空间和时间中,空间容纳人,时间改变人。很多人事情做不好,就是没利用好时间。

操纵时间是一门大学问。在国外,专门有向人们提供时间安排的时间管理专家,他的工作就是把你计划要做的事,结合你的个人情况,做一个统筹的安排。

人们不可能把自己的时间都交给时间管理专家去管理,那么就只好自己担当自己的时间管理专家,为自己要做的事筹划筹划了。

这可不是一件轻松的事。一般的人不但不明白自己要做哪些事,也不明白要在什么时候、用多长时间来做某件事。而且更难的是,如何将那么多事和有限的时间充分地融合在一起,使你既完成了事情,又没浪费时间。

你可选择不同的时间来工作、游戏、休息,虽然客观的环境不一定能任人掌握,但人却可以自己控制时间。当我们能控制时间时,我们的一切也会随之改变。

(4)控制自己的关系群

关系群就是与你保持一定联系和友情关系的人群。一个人不可能与他遇到的每个人都建立较为亲密的关系,必然要有所选择;同时,一

个人也不需要从太多的人那儿学到一定限度或者说一定范围的东西，所以，也必须有所选择。

选择一定的关系群做什么？与他们沟通、交流，向他们学习，与他们共享休戚、一同成长。

人们常说"近朱者赤，近墨者黑"，你接触的人对你的影响非常大，一定程度上也决定了你会吸纳什么样的知识和概念，在头脑中构建起什么样的理念，这些都会极大地影响一个人的处世态度与行事方式。

一个人的成功往往离不开机遇，这是人所共知的，而你所接触的人群就是给你提供机遇概率最高的人群。相互之间了解了，在做事上也就靠近了，于是便有了合作的意向、托付的意向。他人的这些意向在你身上付诸实施，就等于机遇降临到了你的头上。

(5)掌握沟通的方式

一个健全的人在与人交往上应该不会有什么障碍，但在很多时候，不少人在与人打交道时，就是因为对某些细节不太注意，而失去了很多机会，仔细倾听即是其一。

行为学家告诫我们，我们在讲话的时候，是学不到任何东西的。沟通方式最主要的是聆听、观察以及吸收，当我们沟通时，我们要用信息来使聆听者获得一些价值，并彼此了解。

很多人都擅长侃侃而谈，并以此为荣。的确，在很多时候，这些人奔放的思想、精彩的言辞烘托了交际氛围，使大家能交融在一起，彼此友善地交流沟通。但对这些人来说，这种举止或许能为你赢来朋友，却得不到对你有用的信息。这样的交际方式只会使你付出，而无法收获什么。

倾听使人们有机会获悉别人的观点，体会到对方的过人之处，并把这一切吸纳到自己的知识与智慧系统中来，从而提高自己。

但是，在人际交往中，如果都是一群性格内向的人扎在一堆，那也是很糟糕的事。若大家都愿做忠实的听众，把装纳知识与智慧的口袋敞得开开的，都等着别人往外倒，这种交际活动八成要泡汤，最后大家不得不失望地拢起什么也没捞着的口袋。

既然想要收获，那就必然要有付出。那么，性格内向的人不妨客串一下演讲者，把自己的知识与智慧倾倒出来，与大家共享。

在交际场合，说话者与聆听者这两个角色不是绝对的，两者可以适时转换。只要你时时敞开着口袋，无论扮演什么角色，你都会有收获，都会从这些收获中获得成功的基因。

2.学会"耐烦"地开口——情绪学抱怨法

"烦"，本不是什么新的情绪。不开心的烦恼、不舒心时的烦闷，对每个人而言，早已是司空见惯的平常事。但是"旧烦"与"新烦"之间，还是大有不同的。

过去，人们"烦"的时候是找知心朋友诉诉苦、解解闷；今天，"烦"的人们不仅仅"烦"，而且还不"耐烦"。在不开心、不舒服的同时，他们也不安心、不静心。他们不只是烦恼、烦闷，而且烦躁。对他们而言，与其说"烦"是一种有待完全摆脱的消极情绪，不如说"烦"是一种有几分无奈，也有几分得意的生存状态和生活方式。

一些人的"烦"是一种现代文明病，是抒情的思想、浪漫的梦幻和温和的心境被无情的、变化的现实打碎之后，而产生的一种愤世嫉俗、走投无路的情绪状态。这种人无法控制自我，心绪不宁，因而难以成事。

无论做什么事，心烦意乱之下是难有所作为的。

为了不烦，我们还得"耐烦"一些，静下心来，正确地认识自己，先把自己的"烦"消化掉大半，然后以一种"耐烦"的方式开口抱怨。

学会完全主宰自己

控制自己的情绪，要经过一个崭新的思考过程，这个思考过程是很难的。因为，在我们的生活中，有许多力量试图破坏个人的特性，使我们从孩童一直到成人都相信自己有无法克服的情绪。无法克服这些情绪

就只好接受它们。这里要强调的是：你必须相信自己在一生中的任何时刻，都能够按照自己选定的方法去认识事物，只有这样，你才能主宰自己。

善于为自己的情绪寻得适当表现的机会

有的人在激动的时候，会去做些消耗体能的活动或运动，这可使因紧张而产生的"能"获得一条出路；有的人在情绪不安的时候会去找要好朋友谈谈，倾吐胸中的抑郁，把话说出来以后，心情也会平静许多；还有的人会借观光游览来使自己离开那容易引起激动的环境，避免心理上的纷扰，等到旅游归来，心情不复紧张，同时时过境迁，原有的问题或许也已显得微不足道，便不需再为之烦心了。

进行独立思考

你的情绪来自你的思考，也就是说，你是能够控制你的情绪的。这样看来，你认为是某些人或事给你带来了悲伤、沮丧、愤怒、烦恼和忧虑，这种想法可能是不正确的。你完全可以改变自己的思想，选择自己的感情，新的思考和情绪也就会随之产生。一个健全和自由的人总要不断地学习用不同的方式处理问题，这样才能学会主宰自己。

假如你是个乐观的人，你就能够找到控制自己情绪的方法，而且每时每刻都能为值得去做的事而生活着，这样，你便是个聪明的人。能够顺利地解决问题，当然能为你的幸福增光添彩；即使你无法解决某个特别的问题，只要乐观的你仍充满信心，那就意味着你已经将自己的情绪稳操在手了。能够为自己的选择感到幸福时，你的情绪一定是稳定的、真实的。

能掌握自己情绪的人是不会垮掉的，因为他们能够主宰自己、控制自己。他们懂得如何在失意中寻找快乐，懂得如何对待生活中出现的任何问题。在这里没有说"解决"问题，因为聪明人不以解决问题的能力来衡量自己是否聪明，而是不受情绪的影响，理智地对待问题。

学会宣泄压抑和郁闷

或许，一些人有过下面的经历：经常莫名地紧张、害怕、心慌、发抖、头晕，有时脑子里会一片空白，觉得自己活得很累，常常想到死。其实，这就是非常严重的抑郁状态。

那么怎样排解这种焦虑、压抑呢？

(1)可以向心理医生或自己信任的亲朋好友倾诉内心的痛苦，也可以用写日记、写信的方式宣泄，或选择适当的场合痛哭、呼喊。

(2)焦虑是人面临应激状态下的一种正常反应，要以平常心对待，顺其自然、接纳自己、接纳现实，在烦恼和痛苦中寻求战胜自我的理念。

(3)在心理医师的指导下做自我放松训练。

(4)无论学习还是工作，没有目标就会茫然不知所措。因此，一定要制定目标，但目标确立要适度，要根据人生的不同发展阶段来确立目标。

(5)回忆或讲述自己最成功的事，可以引起愉快情绪，忘掉不愉快的事，消除紧张、压抑的心理。

(6)积极参加文体活动。研究表明，音乐能影响人的情绪、行为和生理功能，不同节奏的音乐能使人放松，具有镇静、镇痛作用。

(7)多参加集体活动，如郊游、植树、讲座、大学生社团活动等。在集体活动中发挥自己的专长优势，增加人际交往。和谐的人际关系会使人获得更多的心理支持，帮助缓解紧张、焦虑的情绪。学会宣泄焦虑、压抑，我们的心理才会变得轻松。

(8)保持幽默感。我们每个人都应活得轻松些，尤其是当自己身处逆境时，更要学会超脱。所谓"来日方长"，要看到生活中好的一面，才能无忧无虑、自得轻松。

(9)对人礼貌。如果你对别人施之以礼，别人也会对你以礼相待。也就是说"将心比心"有助于缓冲精神紧张。有时，一声"谢谢"、一个微笑或一次过路礼让，都能使你感到受欢迎。记住，别人对待你的态度在一定程度上反映了你的自我形象。

(10)要自信。这里所说的自信不是狂妄自大，也不是自以为是，而是要学会自我控制。如果只指望他人把事情办好，或坐等他人把事办好,就会使你处于被动地位,甚至成为环境的牺牲品。因此,办任何事情,首先要相信自己,依靠自己,不要将希望寄托于别人身上,否则你将坐失良机,进而产生懊丧心理,加重精神紧张。

(11)当机立断。死守着一个毫无希望的目标,不论是对你自己,还是对你周围的人,都会增加心理压力和精神紧张。一个聪明人一旦打算完成某项任务,就应马上做出决断并付诸行动。当他发现已做的决定是错误的,就应立即另谋办法。优柔寡断,只会加重精神负担。

(12)学会处世的道理。我们都是同样的人,别人碰上的事情你有一天也可能会碰上,生活的道路不会总是平坦的。与周围的人建立友谊,可以增加来自外界的支持和帮助,从而减轻精神紧张。不要害怕扩大你的社会影响,这将有助于你寻找应付紧急事件的新渠道。

(13)努力改进人际关系。建立良好的人际关系,以帮助你事业成功、减少挫折,这对于保持良好的状态十分重要。我们不需要那种只会教训人"给我听着,你该怎样做"的朋友,我们生活中所需的是会鼓励我们进行创造性思维以及能够支持我们走向成功之路的朋友。主动虚心听取别人意见,善于安排时间,是改进人际关系的重要方法之一。

(14)宣泄、抒发。长期的精神紧张状态会吞噬我们健康的机体。因此,我们需要对人诉说自己的感受,哪怕这样做改变不了什么。向谁诉说,取决于想要说的内容,你必须选择合适的诉说对象。记住,绝对不要将不愉快的事情隐藏在自己的心里。

(15)以仁待人。当别人身处困境时应乐于助人。在这种时刻,他们最需要你去倾听他们的诉说,并给予帮助。俗话说,善有善报,如果有朝一日你也遇到了某种危机,如果对方是一位真诚的朋友,他也会来帮助你的。

(16)不传闲话。传闲话会招来仇恨和猜忌,也容易使你失去朋友。当你向某人传闲话时,他也会猜想你是否也说过他的闲话。生活中有的是事情,已经够你忙的了,犯不着背个"小广播"的名声,给自己添麻烦。

(17)灵活一些。我们要完成一件工作,可能有许多方法,你自己的方法不一定是最好的，或者虽然是最好的方法，但不一定行得通。如果你总认为事事都必须按你的想法去做，那么当事情不按你的想法发展时，你就会烦恼生气。其实，你的目标只是把事情办成，至于方法，不必拘泥于某一种。

（18）衣着整洁。衣服穿得整洁与否，象征着你是否尊重别人，当然也象征着你是否自尊自重。衣着不仅显示你是男性还是女性，还能反映你的自身价值和重要性。

在繁忙的工作之余，我们应学会调节自己的情绪，让自己心情愉快地工作。

3.学会自我保护——让"抱怨"更有底气

在人际圈中来来往往，我们每个人都可能有被陷害、被冤枉或被误解的时候。理性地讲，当发现有人攻击诬陷你时，千万不要惊慌失措，更不要因此而怨天尤人、否定自己，你要做的是学会适当地自我保护，刚柔并济。这样，在你适当抱怨的时候，别人便不会把你看成只会发牢骚的弱者。

对伪君子——学会虚与委蛇

我们常常把那些虚伪的人称为伪君子，虚伪是他们最大的专利。他们表面上做道德文章、行侠仗义，暗地里却窝藏不良居心，让人难以一下子明辨其真实的目的。

有些人面目狰狞、一脸凶煞，人们一眼即知其想法。但伪君子却不那么容易识别，他们夹杂在人堆里客串君子，君子的那一套为人标准他们背得滚瓜烂熟。盗版的唱片装在精美的盒子里，放在格调优雅的唱片屋里出售，谁能那么容易就认出是盗版呢？除非撕掉外衣，才能见其庐山真面目。

现实世界里，有些伪君子手握大权，频频施招，你无法从正面脱身，

此时,何不换个角度去应付他们呢?因此,高明的人总是以曲为直,也仿效伪君子之道,先以朋友之名自保,以求得他日成功脱身。

明朝奸相严嵩当政二十年来,表面上一心为国操劳,暗地里却害死了很多真正为国做事的忠臣。朝中官员升迁贬谪,全凭贿赂多少而定。正义之士即使是深恨严嵩,却也是无计可施。

徐阶身为重臣之一,忧心如焚。他见形势对严嵩有利,便故意不问政事,更和严嵩交往频密。徐阶和严嵩闲谈,说到朝中反对严嵩的人时,严嵩恨恨地对徐阶说:"我为朝廷尽力,为皇上分忧,不想那帮小人却不识大体,背地里说三道四,真是太可恶了,我想重重地惩罚他们。"

徐阶深知严嵩的虚伪,若是朝臣中有骨气者都被他贬逐,那么以后更无扳倒他的希望。于是他故作惊讶地说:"大人受此冤枉,我徐阶第一个不能和他们善罢甘休,大人可知他们是谁吗?"

严嵩一一说出姓名,徐阶倒吸了一口凉气,表面上却犹豫起来,故作哀声。严嵩责问之下,徐阶便说:"他们实在该死,可若将他们一一治罪,也不是上上之策啊。一来皇上恐有疑虑;二来把这些人一下揪出,也显得大人为政无方、御人有失,这对大人的清誉十分有害。"

严嵩听之在理,便问他有何良策。徐阶这才故作低声说:"我可以替大人出面,对他们动之以情、晓之以理。如若他们不改弦更张,归附大人,到时候再治他们罪也不迟;若是他们投靠了大人,大人不仅去了强敌,更增添了势力,如此一举两得,岂不更好?"

严嵩称是,徐阶便分别拜访了和严嵩作对的大臣们,对他们说:"严嵩现在如日中天,皇上又沉迷道事,与其打虎不成,反受其害,何若暂时忍耐,以待他日?你们为国为己,都该保此名位,留下性命,否则来日和严嵩对决,朝廷又能依靠谁呢?"

那些大臣听从了徐阶的劝告,佯装依附严嵩,且上门请罪。

严嵩大悦,对徐阶更加信任,并视之为知己。

徐阶丝毫没有放松戒备,他为了进一步和严嵩拉上关系,彻底打消

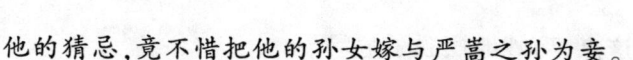

他的猜忌，竟不惜把他的孙女嫁与严嵩之孙为妾。

嘉靖四十年(1561年)冬月，嘉靖皇帝居住的西苑永寿宫被火烧毁，在议论皇上该暂住何处时，严嵩向嘉靖皇帝提议暂住南宫。

徐阶见这回有机可乘，便私下对嘉靖皇帝说："南宫乃先皇英宗被景帝囚禁之地，是大不吉利的所在。严嵩明知此节，却偏偏出此主意，可见他居心叵测。从前多位大臣都曾上谏弹劾他，我还不敢相信，如今看来，他不仅下压百官，更是以大不敬陷害皇上，此贼不除，还有天理吗？"

嘉靖皇上被戳到了痛处，便就此下了决心。为了彻底除掉严嵩，徐阶又利用嘉靖皇帝迷信道教的特点，伪造神旨，表明罢黜严嵩是神仙玉帝的旨意，众大臣也纷纷弹劾严嵩。

不久，严嵩被废，其子被定死罪，一朝奸臣终于被除掉了。

在鱼目混珠、凶险四伏的环境下，不妨做些必要的伪装和假象。在敌强我弱的情况下，这样做不仅能保护自己不受伤害，同时也能麻痹敌人，消除敌人对自己的戒心，从而赢得主动。

敌人一向以伪装出招，你也要学会虚与委蛇，这不失为最有效的防身术。

他好猜疑——你故摆迷阵疑化危局

有些人，别人无意中看他一眼，便以为对方不怀好意、别有用心；看见两个朋友在窃窃私语，就以为他们在说自己的坏话；每当自己做错了事，即使别人不知道，也会怀疑别人早就知道，好像正盯着自己似的；别人无意之中说了一句笑话，也以为是在讥讽自己……

他们，就是典型的多疑者。与这类人相遇，纠合在一起，难成大事。不过，如果对方是一群多疑者的集合，何不利用他们的互相不信任，为自己赢得胜利呢？

这是政治斗争中常有的现象。面对政敌的同盟，利用对手的互不信任，制造混乱，这样，既可削弱对手的力量，还有可能形成各个击破的态势。

灰兔正是利用了这点,巧妙地摆脱了危局。

灰兔正在山坡上玩,发现狼、豺、狐狸鬼鬼祟祟地向自己走来,于是急忙钻到自己的洞穴中避难。灰兔的洞一共有三个不同方向的出口,为的就是在情况危急时能从安全的洞口撤退。

今天,狼、豺、狐狸联合起来对付灰兔,它们各自把守一个出口,把灰兔围困在了洞穴中。

狼用它那沙哑的嗓子,对着洞中喊道:"灰兔你听着,三个出口我们都把守着,你逃不了啦,还是自己走出来吧。不然我们就要用烟熏了,还要把水灌进去!"

灰兔想,这样一直困在洞里也不是个办法,如果它们真的用烟熏、用水灌,情况会更加不妙。忽然,灰兔灵机一动,想出了一个妙计。他来到狐狸把守的洞口,对着洞外拼命地尖叫,就像被抓住后发出的绝望的惨叫声。

狼和豺听到灰兔的尖叫声,以为灰兔被狐狸抓住了。它们担心狐狸抓到灰兔后独自享用,便不约而同地飞奔到狐狸那里,想向狐狸要回属于自己的一份。聚到一起后,狼、豺、狐狸忽然意识到灰兔用的是声东击西之计,于是急忙又回到各自把守的洞口继续把守。可它们哪里知道,灰兔趁刚才早已飞奔出去,躲到了安全的地方。

灰兔把自己脱险的经过告诉了刺猬,刺猬说:"你真聪明,你是怎么想出这个妙计来的?"灰兔说:"因为我知道,狼、豺、狐狸虽然结伙前来对付我,但它们都有贪婪的本性,互不信任、各怀鬼胎,我正是利用了这一点。"

能得到盟友的相助,是竞争者比较满意的结果。但是,如果能让竞争对手在同盟之间相互残杀,这将是竞争对手所能得到的最悲惨的结果;而对你来说,却是最好最省力的结果。

对多疑者的围堵,当如灰兔,善用狐疑方可不败。

他忘恩负义——你一手戴手套一手支棍子

忘恩负义，这个词字面意思简单，即忘记别人对自己的好处，反而做出对不起别人的事。但在现实生活中，什么样的人才称得上是忘恩负义呢？

一起来看看几位名人所遭遇的事情吧。

查尔斯·舒瓦伯曾帮助过一位银行出纳，这位银行出纳挪用银行基金炒股，造成了亏损，舒瓦伯帮他补足了金额，使他免吃官司。这位出纳员是否感谢过他呢？是感谢过他，但只是一阵子，后来依然跟救过他的人作对。

如果你送给亲戚100万美元，他应该感谢你吧？安德鲁·卡耐基就资助过他的亲戚。可若卡耐基九泉之下有知，定会震惊地发现这位亲戚正在诅咒他呢！为什么呢？因为卡耐基遗留了3亿多美元的慈善基金，但他只继承了100万美元。

忘恩负义的人不会在心中印上"感谢"二字，尽管他可能嘴里会冒出"感谢"。

这类人小有成就时，上谢天，下叩地，对父母感恩戴德，对老师感激涕零，但归根到底，他仍认为自己的聪明才智才居功至伟。有所成就时，他首先会认为是自己的功劳，别人再有功绩，也只是绿叶而已。口头上虚伪地感谢好一阵子，但真正强调的还是自己的天赋。但当他失败时，却不能先从反省自己做起，多半会找个自己和别人都信服的可推诿的理由。如果很难找到过硬的理由，勉强让自己信服的也可以将就。面对责任，他们首先会推给旁人，其次推给环境，最后实在没有理由可找了，就会想到一个逻辑："自己办不到的事情，天下人皆如此。"

忘恩负义者，即使别人对他恩重如山，他也会习惯性地忘记；而一旦出了错，就会把责任推到别人身上，埋怨铺天盖地。他们喜欢假设，今天你给了他一个馅饼，明天他就会恨你只让他得到了一个馅饼，说不定

后面还有大蛋糕呢！对此，只能说情义再大，也逃不过私利的虎口。

小白为人厚道，在公司里人缘极好。

这次，组里来了一个新同事，小白本着诚恳待人的原则，尽力照顾他。谁知，这位同事不但不感谢小白，还暗地打算盘，不仅不把其他同事放在眼里，还煽动一两位较不安分的同事结成"小帮派"，三番两次要给小白点颜色看看。小白因未事先防范，应变不及，为了维护办公室的安宁，只好向他们低头，真是哑巴吃黄连，有苦说不出。

小白以为他们会就此鸣金收兵，谁知过了不久，他们竟串通单位里的其他人向他发炮，欲逼他下台。由于小白在工作上曾有一次不小的疏忽记录，加上事起仓促、无从防备，因而"中箭落马"，而接他位子的，正是那位新进的同事。

小白防范不及，中的就是那群白眼狼的诡计。

可见，要防范好忘恩负义者的进攻，我们必须明确这些人的心理发展路径。对付他们，要一手戴手套，一手支棍子。

首先，他们向你索要利益或寻求帮助时，要警惕他们的大口，若一次给予后不见反应，就应迅速收手。

其次，他们再次索求无所得时，可能会失去理智，你应当支起棍子，远离为妙。

最后，如果他们变换脸色，假惺惺装正人君子，百般感恩，那就更要注意了，这是敌人的反攻信号。因此我们要时时察言观色，对他们严加防范。

驯兽师之所以能在猛兽面前游刃有余，是因为他们一边有防护的工具，一边又有制服动物的利剑。防范忘恩负义的人，何不学学他们呢？

暗箭来袭——不妨以牙还牙

人生在世，难免会在有意、无意之间得罪人，而成为他人的眼中钉。如果对方咽不下这口气，摆明对阵的态势，那还比较容易应付；如果是阴险小人，他们往往会在暗地里突施冷箭，那就真的叫人伤脑筋了。

俗话说："明枪易躲，暗箭难防。"明枪对阵，胜败之间看实力，即使被打败了，也无话可说；但若是暗箭来袭，则防不胜防，如果因此被暗算，那就实在是太冤枉了。因此，如何攻防要靠心机。

一般说来，会被暗算，是因为自己的实力比对方强，对方不敢明着来，只好躲在暗处放冷箭。如果你应对不当，就很容易因此而中箭落马，摔得灰头土脸。

别人要阴的，你该如何应对呢？

明朝时，有位御史下乡巡察。由于他与巡察地区的某位县令先前曾有过节，这位县令早就心存报复的念头。县令眼看机会来了，便安排了一位自己最信任的侍从前去充当御史的临时护卫，以便找机会捣鬼。

由于侍从刻意用心服侍御史，没多久便获得了御史相当程度的信任。信任会让人疏于防备，这也是下手的最好机会。这个时候，县令便指示侍从将御史放在印篮中的官印偷走，准备让御史吃不了兜着走。

官印是何等重要的东西，御史发现官印丢失后，相当紧张，怀疑与该县令有关系，不过碍于欠缺证据，所以也不能说什么，更不敢大肆张扬，只好假装生病，闷在行馆里苦思对策。

过了几天，县里一位颇有名气的书生恰巧前来探访。由于御史早就耳闻这位书生的才智，所以便请他到房内，把官印丢失的事对他仔细说了一遍，看看他有没有比较好的办法可以帮帮忙。

书生听完之后，便出了一个主意，建议御史在半夜的时候派人偷偷地到厨房去放火。

一旦御史的行馆发生火灾，各级官员们一定都会火速跑来指挥救火。书生要御史趁着一片混乱的时候，将原本装着官印的印篮暂时托付给那位县令保管，说是为了预防官印在慌乱中丢失或遭到焚毁云云。

书生解释说，如果官印真的是那位县令所偷，那么趁着火灾将空的印篮托付给他，等于是将烫手山芋丢回给他，他绝对没有不将官印归回

原位的胆量，因为丢失的责任在他身上，逃都逃不掉。

当天午夜，御史便照着书生的计划上演了一场"火烧御史行馆"的戏。趁着烈火熊熊燃烧之际，御史将保管官印的重责托付给了那位县令。等大火扑灭之后，县令归还印箧，御史打开一看，发现官印果真安然物归原位，一切似乎都印证了书生的设想。

此时此刻，对于那位书生的绝顶聪明，御史不禁又感激又佩服。据说，那位书生就是后来的一代名臣海瑞。

官印丢失，在古代是杀头之罪，县令显然有致御史于死地的意图。御史吃下这口黄莲，不仅有苦说不出，而且天天坐立不安、冷汗直流。还好，借着书生的聪明才智，御史将烫手山芋丢回给了县令，在不动声色之间买空卖空，完成了一次无声的绝地大反击。

人与人之间的对立，如果硬碰硬，或许很快就能见胜负，但也有可能两败俱伤，两者之间的耗损必然巨大，甚至没完没了。

但如果能够"搭座桥"，让对立的双方在意气与利害之间有个回旋的余地，在不动声色之间，创造既斗争又互有台阶可下的空间，或许还能缓解彼此的紧张关系。

而书生将烫手山芋丢回去的手法，便是放出了"我并不好惹"的信息，软中带硬，对手必然不敢再掉以轻心、任意挑衅了。

冷静应对，处变不惊

冷静应对一切突如其来的危机，是一种处变不惊的风度。只有冷静，才能在气势上给对方造成震慑的力量，也为自己赢得应急的机会。有些人一旦碰到不利于自己的形势，就会惊慌失措、自乱阵脚，这是不明智的。

战国时候，张仪和陈轸都投靠到秦惠王门下，受到重用。不久，张仪发现陈轸很有才干，甚至比自己还要强。他担心日子一长，秦王会冷落自己，喜欢陈轸，便产生了嫉妒心。于是，他找机会在秦王面前说陈轸的坏话，进谗言。

一天，张仪对秦惠王说："大王经常让陈轸往来于秦国和楚国之间，可现在楚国对秦国并不比以前友好，但对陈轸却特别好。可见，陈轸的所作所为全是为了他自己，并不是诚心诚意为我们秦国办事。听说陈轸还常常把秦国的机密泄漏给楚国。作为大王您的臣子，怎么能这样做呢？我不愿再同这样的人在一起做事。最近，我又听说他打算离开秦国到楚国去。要是这样，大王还不如杀掉他。"

听了张仪的这番话，秦王自然很生气，于是马上传令召见陈轸。一见面，秦王就对陈轸说："听说你想离开我这儿，准备上哪儿去呢？告诉我吧，我好为你准备车马呀！"

陈轸一听，莫名其妙，两眼直盯着秦王。但他很快便明白了，这里面话中有话。于是，他镇定地回答："我准备到楚国去。"

果然如此，秦王对张仪的话更加相信了，于是慢条斯理地说："那张仪的话是真的了。"

原来是张仪在捣鬼！陈轸心里完全清楚了。他没有马上回答秦王的话，而是定了定神，然后不慌不忙地解释说："这事不单张仪知道，连过路的人都知道。从前，殷高宗的儿子孝己非常孝敬自己的后母，因而天下人都希望孝己做自己的儿子；吴国的大夫伍子胥对吴王忠心耿耿，以至天下的君王都希望伍子胥做自己的臣子。所以，俗话说，出卖奴仆和小妾，如果左右邻居争着要，那就说明他们是好仆好妾，因为邻里人是了解他们才买的；一个女子出嫁，如果同乡的小伙子争着要娶她，这就说明她是个好女子，因为同乡的人了解她。我如果不忠于大王您，楚王又怎么会要我做他的臣子呢？我一片忠心，却被怀疑，我不去楚国又到哪里去呢？"

秦王听了，觉得有理，点头称是，但又想起张仪讲的泄密之事，便又问："既然这样，那你为什么将我秦国的机密泄漏给楚国？"

陈轸坦然一笑，对秦王说："大王，我这样做，正是为了顺从张仪的计谋，用来证明我并不是楚国的同党呀！"秦王一听，却糊涂了，望着陈

轸发愣。

陈轸还是不紧不慢地说："据说楚国有个人有两个妾。有人勾引那个年纪大一些的妾，却被那个妾大骂了一顿；他又去勾引那个年轻一点的妾，年轻的妾对他很友好。后来，楚国人死了。有人就问那个勾引死者的妾的人，'如果你要娶她们做妻子的话，是娶那个年纪大的呢，还是娶那个年纪轻的呢？'他回答说：'娶那个年纪大些的。'这个人又问他：'年纪大的骂你，年纪轻的喜欢你，你为什么要娶那个年纪大的呢？'他说：'处在她那时的地位，我当然希望她答应我。她骂我，说明她对丈夫很忠诚。现在要做我的妻子了，我当然也希望她对我忠贞不二，而对那些勾引她的人破口大骂。'大王，您想想看，我身为楚国的臣子，如果我常把秦国的机密泄露给楚国，楚国会信任我、重用我吗？楚国会收留我吗？我是不是楚国的同党，大王您该明白了吧！"

秦惠王听陈轸这么一说，不仅消除了疑虑，而且更加信任陈轸，给了他更优厚的待遇。

陈轸巧妙的一席话，既粉碎了谗言，又保全了自己。

用正面能量，拥抱你的抱怨

你不一定非要成为自己抱怨情绪的受害者。当世界没有像你希望的那样时，你可以选择应对方式。你可以选择自己衬衫的颜色，选择早餐吃什么，或者今天下午什么时间去跑步。同样，你也可以选择怎样表达自己的抱怨。此外，你还可以选择把多少昨天的抱怨带到今天或将来。

1.接受真实的我——做精神的富翁，不为自身缺点抱怨

在这个世界上，有些人不喜欢自己，因为他们无法接受自己。

不接受自己的人，常常心情郁闷，对生活中的一切都没兴趣；他认为自己思想怪诞，怀疑自己患有某种疾病；他还抱怨周围的亲友、同事、邻居不能理解他，等等。实际上，他没有任何疾病，问题在于他不能接受自己，从而影响到他对别人的接受度，并进而产生其他方面适应的困难。由于他不曾意识到这点，总是无病自扰，所以才表现出自暴自弃的倾向。

可见，对所有人来说，正确评价自己、接受自己至关重要。它关系到建立正确的自我观念，适应环境，促使性格健康发展。接受自己，去除自卑感，是精神健康的重要保证。

怎样才能增进自我接受感呢？

首先，要克服完美主义。

接受自己不可能做到十全十美。因为这世界并不完美，家人、友人一样有缺点，十全十美是可遇而不可求的。所以，我们应当知足常乐。

要容忍体谅，不但要使自己容易与他人相处，亦要做到对自己的行为不苛求；不要做时钟的奴隶，总是希望尽可能地在时间限制内完成工作，记住"欲速则不达"；要明白，讨好所有的人是不可能的，所以根本不必去尝试。"受欢迎"的本意是使他人赏识你本人，而不是你的最好表现。尝试一下"畅所欲言"，坦诚和直率能消除许多障碍与心理压力；要对自己有信心，你和任何人一样有可取之处；勿过分自责，任何人都有彷徨的时刻，不必为"爱"与"恨"过分担心；勿自悲自怜，你的遭遇并不重要，你对遭遇的反应才是最重要的。

其二，要做到真正了解自己。

自知者明，自胜者勇。你可以通过比较法（与同龄、同样条件的人相比较）、观察法（看别人对自己的态度）、分析法（剖析自己，了解自己的

工作成果)等来认识了解自己。

其三,要树立符合自身情况的奋斗目标。

这样会使你有机会充分发挥自己的才智,力所能及的胜利能增加你的自信心。

其四,要不断扩大自己的生活经验。

每个人都要经历适应环境的过程。在这一过程中,你也许发挥了才干,也许暴露了缺陷。但没关系,正反两方面的经验都将促进你对自己的了解。

最后,要诚实坦率、平心静气地分析自己。

要有勇气承认自己在能力或品质上的缺陷,肯定自己的长处,扬长避短。

幸福的富有并不单指物质富有,还包括精神富有。物质的富有只是满足了人的需求的欲望,而精神富有则能让人感到生活更充实、快乐,这样的人生更有意义。精神的富有,包括很多内容,拿破仑·希尔为我们列出了以下几点。

(1)你可以对自己有很高的评价

成功的人物都会对自己有很高的评价,这需要积极的思想做动力。有了这种思想,你就会一直超越、一直前进。这些积极的思想包括:在我所认识的人中,你最有资格做这件事情,你要把自己的奋斗目标定得更高些……

你要常问自己,我是否已经使用了我最大的智慧与能耐呢?如果答案不是百分之百的话,那么你要做些改变才行。而首要的改变就是,把消极思想换成积极思想。所谓消极思想包括:我的能力还不足以做那项工作;我将一直处在贫穷之中;比我更具资格的人真是多如过江之鲫,等等。你一旦陷入这样消极的思想之中,就会停滞不前,直到你的思想有所改变为止。

(2)你可以让自己显得很重要

每个人都认为自己很重要,但是,只有当人们感到迫切需要你的时候,你才真正变得很重要。为达到这个目标,有两个办法可供参考:一是提高自己的知名度。首先你要吃透一个习俗:那些忙碌兴旺的人物,都被看成是人们最迫切需要的人。利用这个习俗,你可以找到提高知名度的有效办法,即你可以为自己制造一种兴旺忙碌的形象,使别人知道你的顾客很多,你的崇拜者很多……总之,任何你所想要的美好事物,都要给人留下一种"你已经有了很多"的印象。

人们都喜欢跟那些兴旺的人打交道,你越兴旺,跟你打交道的人就越多;跟你打交道的人越多,你就越兴旺。一旦人们知道你是他们迫切需要的,你的事业就会跟着繁荣兴旺起来。如此良性循环下去,你目前的繁荣兴旺就会引来更大的繁荣兴旺,造成你的事业永远长盛不衰。

二是制定自我增值计划。一个人能不能获得成功,并不在于他目前已经拥有了多少,而在于他正在计划要得到多少,这才是成功的关键。为此,你应该制定一个增加自我价值的计划,全速向真正美好的生活之路前进。这样,世人将给我们怎样的评价呢?回答是:等于我们对自己的评价。

自我评价决定了别人对你的评价,这是一条定律。别人对你的评价高,正显出你的重要。

(3)你可以有充分的自尊

对于每个成功者来说,最珍贵的财产就是"对自我的尊敬"。只要能保持这份自我尊敬,你就能保持完美生活所必需的诸种要素:拥有朋友、被人崇拜以及被人接纳。

其实每个人都可以拥有这些精神财富,让自己富有起来,你自己在其中应充当主人的角色。

TIPS:爱自己才会爱别人

爱自己才会爱别人。在此,我们可用以下方法帮助自己爱自己。

(1)写下10个优点,写完之后默念3遍,然后闭上眼睛在心中再默默地念3遍。

(2)睁开眼睛,伸出双手请别人压一压。

(3)写下10个缺点,写完之后默念3遍,然后闭上眼睛在心中再默默地念3遍。

(4)睁开眼睛,伸出双手请别人压一压,体会一下,看看是什么感觉。

相信你实验的结果是:在默念优点之后,伸出的双手很难被压下来,为什么?因为它变得较有力。这个小小试验就是让你具体地体验一下负面的、消极的及正面的、肯定的思想对一个人整体(生理、心理及精神的整合)的影响。

有一个美国医生皮尔叟就曾做过一个研究:200名参加宴会的宾客品尝了同样的食物之后,其中一半的人食物中毒,但另一半人却安然无恙。他觉得好奇,想了解其中的奥妙。结果发现那些未中毒的人生活态度较积极,自我价值极高,对事情较看得开,处事较有弹性。用一句精神心理学的话来说,就是他们的心灵的力量较大、较强。换句话说,也就是心能越大,人越健康。

其实,心能的大小强弱对人的各方面都有影响,医生、心理学家等人早已提出各种理论与实验结果,只是我们不知道罢了。

心灵的力量是很容易培养的,因为人的心灵是很单纯的,唯一的要求是要相信自己、肯定自己。相信自己是个好人,勤奋、努力、认真、节俭;肯定自己的大方、仁慈、善良……但是,要人相信自己的最大困难,就是人永远都在与别人比较:我不够好,因为别人比我更好;我不够仁慈,因为别人比我更仁慈;我不够漂亮,因为……人们总是有理由否定自己。人是很有意思的动物,许多人很难爱自己却要求得到别人的爱;看到自己的净是缺点,但当别人指出它们时却不高兴;看不到自己的优点,但当别人指出它们时却不能相信与接受。其实,最主要的问题在于,与别人比较、缺乏自信、爱自我责备。针对这几点,可用以下方法来改善。

第一，跳出"与别人比较"的模式，而成为"与自己比较"的独立的自我。做到这点很不容易，因为我们从小到大所受的教育与社会影响多半是与别人比较，我们已经养成了习惯，但习惯是可以改变的。最好找一个好朋友一起做，彼此鼓励，彼此切磋与支持。

第二，写下你所有的优点。在许多场合下，要求参与者写下优点时，他们觉得很困难；但要他们写缺点时，却又快又好。所以，请大家花一点时间想想自己的优点，若想不出来，就问朋友或家人。有时候，反而是别人知道我们的优点比我们自己知道得多。

第三，每天早上、中午及晚上念自己的优点3遍。刚开始可能觉得不自然甚至有些虚假，但仍然要坚持去做。在做了一段时间之后，你会发现优点增加了。

第四，每天记下自己所做的事，在好事、好的表现如"努力"、"认真"、"勤劳"等上面打一个记号，在需要改进的事及欠缺的方面如"骄傲"、"懒惰"等上面打一个记号，在晚上做一个总记录。做完记录之后，好好地欣赏与肯定自己所做的好事；对需要改进的事则告诉自己说：今天我有些自私，明天我会改进，做得更好些。另外，还要谢谢今天所发生的一切人、事、物，感谢它们使你有学习、改进和成长的机会。

第五，用幽默的态度"嘲笑"自己做得不够好的地方，而不要严肃地责怪自己。

第六，学会热爱自己，接下来还要学习怎样去热爱他人。

2.学会放下，丢失的东西抱怨一次就够了

很多人常常会因为失去一些曾经拥有的东西而无比心痛，或者因过去的某个过错而一直在内心深处留下阴影，不肯轻易原谅自己。其实完全没有必要这样做，因为一味地追悔过去，只会令自己困在一个死胡

同里,这样只会让事情变得更糟糕,让自己的内心永远得不到安宁,永远感受不到快乐。正如莎士比亚所说:"一直悔恨已经逝去的不幸,只会招致更多的不幸。"

想要不为过去的种种而烦恼,唯一的方法就是保持豁达的情绪。

空间不能逆转,时间无法倒流,无论你为过去怎样后悔和烦恼,都只是徒劳,而且更会浪费你的精力和时间,阻碍你去完成原本今天该做的一切。

如果你是一个害怕孤独的人,你一定要用心结交一些朋友,从而努力改善自己,而不是埋怨这个世界太冷酷;如果你沉浸在回忆之中无法自拔,那就要常常提醒自己,那只是自己的一个小小错误而已,不需要死死地揪住它不放。要知道,当你为失去太阳而难过不已的时候,你也将失去天空的点点繁星。

一个妇人外出办事,不小心把自己的伞弄丢了。于是,在回家的路上,她一直十分懊恼,不停地责怪自己为什么那么粗心,还时不时地想雨伞到底放在哪儿了;看到街上有人提着和自己颜色相同的伞,就在想那是不是自己的伞。就这样,她不知不觉到了家。坐下之后,她忽然发现自己的钱包不见了。原来,她一直惦记着丢雨伞的事情,因为仓促、惶恐和不安,连自己的钱包丢了也没有发现。

试想,如果这位妇人在丢伞之后能够豁达一点,洒脱一些,又怎么会因一时大意而丢了钱包呢?

对那些已经发生的事情耿耿于怀、反复思虑,无疑是在白白浪费自己的精力。既然那些已经发生的事情无法重来,为什么不豁达地放下?

我们不属于昨天,而是属于当下和未来,过去的一切就像流失的沙,回不来,也抓不住。忘记从前的一切,拥抱现在,迎接未来,才能展现我们生命中向上的力量,我们也才能从中感受到前进的快乐。

TIPS：如何做个豁达人

（1）上一刻归咎于回不来的过去

时间是一件神奇的东西，它雕刻生命的年轮，推移事态的变迁，它是最有效的疗伤良药，也是最无情的过客。世界上没有谁能够左右时间，过去的一切都会随时光定格在过去的某一时间刻度，无法超前，更无法错后。过去了就是过去了，即便是上一秒钟的流失，也是属于过去，同几亿年的过去相同，永远不可能重来。上一刻的悲伤或是快乐，对你来说都只是生命中一个个小小的符号，无法更改。所以，与其回望过去，不如专注于现在。

一个对生活常常抱着乐观态度的人，必然是一个豁达的智者。其实，我们都可以是生活中的智者，都可以时刻感受到快乐，只要我们能够明白，上一刻永远属于过去，一切的不愉快都不应该再牵累我们的思想，那么我们就会感到无比轻松，并快乐地迎接每一个明天。

（2）把过去的痛苦和光辉放进历史

过去的痛苦曾经让我们身心疲惫，甚至令我们深感屈辱。但是，我们应该懂得，过去的已经过去，未来是由我们现在的思想所决定，由现在的行动所创造的。将过去的痛苦锁进生命的历史，踏上新的征程，才能获得成功、感受快乐。

走出曾经的光环，就算它再夺目，也只属于过去，专心于你的现在和未来，你的人生之路会被你描绘得更加绚丽。懂得把过去的痛苦和光辉放进历史的人，才可能创造出更大的辉煌。忘记曾经的痛苦，摆脱掉负面的思维习惯，积极的人生态度能助你创造出奇迹。

（3）并非人人都是爱我的

我们完全没有必要去喜欢自己认识的每一个人，因此，我们也没有必要要所有人都喜欢自己。别太在意别人的眼光，走自己的路，让别人

说去吧！人要有一颗豁达之心，当得不到别人的认可时，也照样可以活出自己的风采，对自己的每一天负责，相信自己能够做得很好。

3.学会自信，为自己播撒希望的种子

一个圆环被切掉了一块，圆环想自己重新完整起来，于是到处去寻找丢失的那块儿。可是由于它不完整，因此它滚得很慢。它欣赏路边的花儿、与虫儿聊天、享受阳光，它发现了许多不同的小块儿，可是没有一块适合它。于是，它继续寻找。

终于有一天，圆环找到了非常适合的小块儿。它高兴极了，将那小块儿装上，然后又滚了起来，它终于成为完美的圆环了。它能够滚得很快，以至于无暇注意花儿或者是和虫儿聊天。

当它发现，飞快的滚动使它的世界再也不像以前那样时，它停住了，把那一小块儿又放回了路边，然后缓慢地向前滚去……

人生确实有很多不完美之处，每个人都会有这样或者那样的缺憾。其实，没有缺憾，我们便无法去衡量完美。仔细想想，缺憾不也是一种美吗？

自信的女人要学会欣赏自己的不完美，因为它是你独一无二的特征，有了它，你才不至于平庸。

不完美使你区别于他人，世界也因你的不完美而多了点色彩。

缺陷和不足是人人都有的，但是作为独立的个体，你要相信，也许你在某些方面的确逊于他人，但是你同样拥有别人无法企及的专长，有些事情也许只有你能做而别人却做不了。

学会欣赏自己的不完美，并将它转化成为动力，才是最重要的。

有这样一则寓言故事：一个渔夫从海里捕到了一颗世所罕见的大

珍珠，他欣喜若狂。可回到家里仔细一看，才发现珍珠上有一个小黑点。渔夫觉得很遗憾，他想，如果能将小黑点去掉，那就更完美了，肯定会成为无价之宝。

于是他找来工具，想要把黑点去掉。可剥掉一层，黑点仍在；再剥一层，黑点还在；剥到最后，黑点虽然没了，珍珠却也不复存在了。

其实，世界就是这个样子，它并不完美，我们每个人的人生也不可能十全十美。要知道，许多东西是不能改变的。当发现自己的缺点之后，重要的是坦然面对，去寻找自己的长处，以更积极的心态面对生活。

正如卡耐基先生所说："发现你自己，你就是你。记住，地球上没有和你一样的人……在这个世界上，你是一种独特的存在，你只能以自己的方式绘画，你的经验、环境、遗传造就了你。不论好坏与否，你只能耕耘自己的小园地；不论好坏与否，你只能在生命的乐章中奏出自己的音符。"

汤姆的公司因亏损上亿元而破产。他也因此而失魂落魄，开始了在人们鄙夷的目光下四处流浪的生活。如此残酷的现实，使汤姆异常沮丧，他甚至不止一次想以死来解脱自己所有的痛苦和烦恼。

一天，他无精打采地走在大街上，一位牧师看见了，便上前来询问他。汤姆向牧师讲述了自己的悲惨遭遇，并诚恳地说："牧师，请您帮帮我吧。"

牧师看了看落魄的汤姆，沉默了一会儿说道："我实在是帮不了你，不过我知道谁能帮助你。"

"是谁？他在哪里？"汤姆眼里闪出一丝光芒。

"跟我来！"牧师把他带到了一面大镜子前，然后用手指着镜子里的人说："就是他，你现在就好好认识一下这个人吧！"

汤姆盯着镜子里的自己，失魂落魄，跟乞丐没有什么两样；表情颓废，让人看不到希望；眼神无助而黯淡……他再也看不下去了，先是用

双手捂住了自己的脸,然后他好像明白了什么,便静静地走开了。

几年后的一天,牧师看到一个意气风发的人朝自己走来,步伐轻快有力,眼神自信坚定。他对牧师说:"牧师,我是前来向您表示感谢的。当初是您让我认识到自己,只有相信自己才能找到出路。从您这里离开后,我先找到了一份工作,然后用自己的积蓄开了一家公司。如今,我的事业比最初发展得还要好。"

牧师这才想起几年前在大街上遇到的那个流浪汉汤姆。

自信所拥有的力量是不是让人惊奇?无论在多么糟糕的情况下,自己都可以找到出路;即使没有机遇,自己也可以创造机遇。

卡耐基说:"信心和勇气能够导致激扬奋发的情绪,会使整个人像是突然被'充电'一样带劲,立即产生一种超越困难的欲望,把身体的潜能挖掘出来,并凭着它去成功。"

世界著名的游泳健将弗洛伦丝·查德威克,第一次从卡得林那岛游向加利福尼亚海湾时,在海水中泡了足足16个小时。她看见前面大雾茫茫,心想:"怎么看不到头呢,何时才能游到彼岸啊?"失去了信心的她顿时浑身困乏,再也没有办法向前游动而以放弃告终。

事后,弗洛伦丝·查德威克才知道,那个时候,她已经快要到达终点了,成功的彼岸就在前方。其实,阻碍她成功的不是大雾,而是她内心的动摇。是她在被大雾挡住视线后,对创造新的纪录丧失了信心,才会被大雾所俘虏。

对于这一次经历,弗洛伦丝·查德威克感到非常惋惜。为了弥补这次的过失和遗憾,她在两个月后决定重游加利福尼亚海湾。游到最后,她也感到非常疲乏,但是想到上一次的教训,她便不停地鼓励自己:"离岸边越来越近了!不能功亏一篑!"潜意识里发出了"我这次一定能打破纪录"的强烈信号,令她顿时浑身充满力量。最后弗洛伦丝·查德威克终于超越了自己,做到了自己原来没有做到的事情。

科学研究表明，人的潜能是无穷的，就算是众多取得伟大成就的成功人士，如爱因斯坦、牛顿等，他们的潜能也不过只开发了10%。而普通人所利用的大脑潜能，更是少之又少。因此，要相信自己能够继续进步，相信自己完全可以进军更高的目标，相信自己可以攀登更高峰。只有相信自己具有无穷的潜力，才能真正下工夫去发掘自己的潜力，取得辉煌的成就。

TIPS：让自己更自信的小窍门

　　生活中，人不可避免地会遭遇失意、挫折。这时候，怎样重树自信心就显得尤为重要。英国心理学家克列尔·拉依涅尔就如何增强自信心，提出了9条建议：

　　(1)早中晚各照一遍镜子，整理自己的仪表，以对自己的仪表放心。

　　(2)要想着自己的长处，忽略自己的缺陷。"金无足赤，人无完人"，不要总把自己的缺陷放在心上。

　　(3)很多你认为是窘态的状况，可能别人并没有注意到，因此自己也无须过于在意。

　　(4)不要总是批评别人。总是指责别人是缺乏自信的表现。

　　(5)学会沉默是金，不急于表现自己。多数人喜欢的是听众，因此，当别人在讲话的时候，不要急着用机智幽默的插话来赢得别人的好感。你只要当个合格的听众，他们就一定会喜欢你。

　　(6)"知之为知之，不知为不知。"不懂装懂不但不能保全形象，还会让人觉得你不够诚实可靠。别人取得了成就，要给以赞赏，而不要装作不在乎，羡慕就说羡慕。

　　(7)为自己找一个在任何情况下都能陪伴你的朋友。这样，无论遭遇怎样的失意，你都不会感到孤独。

(8)学会保持沉默。对于有敌意的人,你可以保持沉默。

(9)不要让自己处于不利的地位。因为别人的同情也会打击你的自信心。

测试:你是个知足常乐的人吗

知足,就是对事情的状况感到满意。知足常乐,强调的是一种心态,是说要以正确的、平和的心态来对待宠辱得失。

知足心就静,心静自然乐在其中。

在这个物欲横流的社会,你能保持一种平和的心境吗?请按照实际情况来选择。

1.你是否觉得自己被迫循规蹈矩?

A.是的,有时是这样

B.很少或从不

C.是的,我经常因为必须循规蹈矩而感到沮丧

2.你是否喜欢自己的工作?

A.大多数时候是,但不总是

B.是的

C.基本上不是这样

3.你认为下面哪个词是对你最好的概括?

A.安定的

B.感到满意的

C.不平静的

4.你是否做了一些让你良心不安的事?

A.是的,有时候

B.很少或从不

C.是的,我在这方面很担心

5.你对生活是否抱有一种轻松的态度？

A.是的,对大多数事情是这样。但是,有些事情很重要,不是那么容易放得下

B.总的来说,我的确是采取一种轻松的态度对待生活

C.我不认为自己是一个很轻松愉快的人

6.你是否会因为自己的失败而拿别人出气？

A.偶尔

B.很少或从不

C.经常

7.你是否感到自己的生日是在比较幸运的星座上？

A.也许我算比较幸运的

B.绝对没错

C.不

8.你是否已经实现了人生的大多数抱负？

A.是的

B.我现在不能找出特定的抱负需要我去实现

C.完全不是

9.你如何看待未来？

A.有一定程度的理解

B.如果顺利的话,会像现在一样继续发展

C.我希望将来会比过去和现在要好得多

10.你拥有良好的睡眠吗？

A.我努力做,但不总是成功

B.是的

C.通常都不太好

11.你是否感到自己有自卑感？

A.可能,有时是这样

B.没有

C.是的

12.你是否认为自己拥有忠诚和稳定的家庭生活？

A.总的来说是这样

B.毫无疑问

C.不是

13.你觉得自己有没有充分享受自己的业余时间？

A.也许我的业余活动没有我希望的多

B.是的

C.没有，因为我没有时间参加业余活动

14.你是否考虑过通过做整形手术来让自己变得漂亮一些？

A.可能

B.没有

C.是的

15.如果让你回顾并且评价自己的人生，下面哪句话最适合？

A.基本上满意，但我认为自己还能够获得更多

B.我要感谢上天的恩赐，因为我人生的顺境要多于逆境

C.我多少会感到有些生气，因为我没有实现自己的人生价值

16.你是否很容易休息放松？

A.有的时候容易，有的时候比较困难

B.很容易

C.一点也不容易

17.你是否已得到人生中应该得到的大多数东西？

A.基本上是这样

B.我认为我得到了

C.我认为我没有得到

18.你是否经常希望自己是另一个人？

A.不经常，但偶尔会认为有些人比我幸运

B.我从来没有认真考虑过

C.我经常希望自己是另一个人

19.如果让你变换生活方式一年时间，你愿意吗？

A.在特定的情况下有可能

B.我认为我不会

C.是的，我会接受这样的机会

20.你是否觉得机会总是从身边溜走？

A.有时

B.很少或从不

C.经常

21.你嫉妒其他人的财产吗？

A.偶尔

B.很少或从不

C.经常

22.你是否经常因为做得太少而沮丧？

A.有时

B.很少或从不

C.几乎始终是这样

23.你是否渴望异乎寻常的假期，它可以让你完全逃避现实？

A.是的，有时候

B.假期是不错，但对我来说不是必不可少的

C.是的，经常这样想

24.你是否嫉妒富人或名人？

A.偶尔

B.很少或从不

C.经常

25.你对自己感到满意吗？

A.偶尔

B.经常

C.很少或从不

计分标准

选A得1分；选B得2分；选C不得分。

测试结果

少于25分：你对自己的生活不太满意。

也许你对没有实现自己的人生梦想或者已经精疲力竭而感到非常无奈和痛苦；也许你认为人生太过短暂，你没有足够的时间去做许多你想要做的事情；也许你实在不满意当前所从事的工作，而且在工作的时候你常常会想到许多你真正愿意做的事情；也许你正在经历人生的一个困难或紧张的时期……这种情况是我们每个人都可能遇到的。

如果情况确如上面所述，那么现在正是审视并且评价自己人生的好时候，并且特别要多注意积极的方面，扪心自问得到了什么。也许你拥有一份稳定而喜欢的工作和一个和睦的家庭，这本身就是一种成就；也许你有一项喜爱的运动或业余爱好，而且可以倾注更多的时间从中享受乐趣……所有这些都是值得感激的，而不能成为失望的理由。

25~39分：你对自己的人生基本满意，尽管可能你还没有意识到这一点。

尽管你并不缺乏雄心壮志，但你不会为了追求这些目标而去冒风险，包括危及到你自己的快乐和现有的生活方式以及那些和你最亲近的人。

但是，在你的内心深处，经常会有一种不满足感，因为你自认为可以获得更多，并且因此而多少感到有些遗憾。

尽管如此，你还是认为总的来说，自己的目标大部分都已经实现。因此，没有理由做任何改变，哪怕许多其他人，例如父母、老师、朋友和同事都急切地告诉你应该怎样对待生活。毕竟，只有当这些目标对你来说很重要时，它们才算重要。因此，你才是自己的首席专家，你才有权决定自己人生的道路应该怎样走。

40~50分：你的得分表明你对自己的生活感到满意。因此，你可能拥有快乐和安宁的内心。正是这种快乐感染并影响了你周围的人，尤其是你的直系亲属。

你是很幸运的一类人，能够找到自己的小天地。你很懂得知足常乐，这正是许多人羡慕你的地方。